国家示范性建设院校电子信息类优质核心及精品

U0617037

C#程序设计及
基于工作过程的项目开发

主　编　谢世煊

参　编　吴慧君　王燕贞

西安电子科技大学出版社

内 容 简 介

本书以 Microsoft Visual Studio 2005 为开发环境，通过三个学习情境的多个生动有趣的实例，培养学生的程序逻辑思维，完成C#程序的入门学习；以五个实际项目为载体，从计算机专业人员在实际工作中所需的基础能力和技术出发，培养学生开发桌面型和中小 C/S 架构程序的职业能力和职业素养。本书主要覆盖的知识面包括：C#2.0 语法、面向对象基础知识、控制台应用程序、Windows 基础控件的应用程序、Windows 扩展控件的应用程序、ADO.NET 数据库访问技术、三层架构等。

本书可作为高职高专计算机专业程序入门类的项目导向性教材，也可作为.NET(C#)培训班或认证培训用教材，还可供自学者参考使用。

本书配有相应的教学资源，可登录漳州职业技术学院精品课程建设网进行下载。

图书在版编目(CIP)数据

C#程序设计及基于工作过程的项目开发 / 谢世煊主编.
—西安：西安电子科技大学出版社，2010.1 (2020.7 重印)
国家示范性建设院校电子信息类优质核心及精品课程规划教材
ISBN 978 - 7 - 5606 - 2363 - 4

Ⅰ. C… Ⅱ. 谢… Ⅲ. C 语言—程序设计—高等学校—教材 Ⅳ. TP312

中国版本图书馆 **CIP** 数据核字(2009)第 **221234** 号

责任编辑 杨 璠 阎 彬
出版发行 西安电子科技大学出版社(西安市太白南路 2 号)
电　话 (029)88242885　88201467　　邮　编　710071
网　址 www.xduph.com　　　　电子邮箱　xdupfxb001@163.com
经　销 新华书店
印刷单位 广东虎彩云印刷有限公司
版　次 2010 年 2 月第 1 版　2020 年 7 月第 7 次印刷
开　本 787 毫米×1092 毫米　1/16　印　张　12
字　数 275 千字
定　价 26.00 元
ISBN 978 - 7 - 5606 - 2363 - 4/TP
XDUP 2655001-7
＊＊＊ 如有印装问题可调换 ＊＊＊

前　言

作为一种流行的编程语言，Visual C#给开发人员提供了一个广阔的开发空间。从简单的控制台程序到传统的桌面应用程序开发、分布式应用等，Visual C#都提供了全面的支持。本书的主要目的是让读者接触、了解并能使用 C#编程语言进行项目开发。

本书共分为三个学习情境和五个项目。

学习情境一：入门的必要知识。让读者熟悉 Visual Studio 2005 环境；能运用 C#编写.NET命令行程序；能运用 C# WinForms 编写.NET 窗口程序；能使用输出函数 WriteLine 输出各种格式的文本；能创建简单的窗体并添加常用工具；会在程序中正确地使用数据并交互；学会让程序帮我们完成繁琐的计算工作。编码量达到 190 行。

学习情境二：面向对象编程。让读者学会对象的创建和对象引用变量的使用；了解.NET框架类提供的服务——String 类、Random 类和 Math 类；能进行类的基本设计，掌握成员的添加、编写方法；可重载构造函数、继承和封装。编码量达到 180 行。

学习情境三：控制台交互程序编程，让读者能够使用 if 语句和 switch 语句进行判断；能够使用 while 语句和 for 语句处理循环，能够使用跳转语句增加循环的灵活性；学会让程序帮我们完成繁琐的工作。编码量达到 160 行。

项目一：我的 SDI 记事本。让读者理解窗体类的属性和方法的作用；能够使用基本控件设计窗体界面；能够编写简单的事件处理程序；能够使用简单的文件流进行文件处理；会使用 SDI 单文档界面设计。编码量达到 450 行。

项目二：我的 MDI 记事本。在项目一的基础上使用 MDI 窗体及 RichTextBox 控件重构"我的 SDI 记事本"，让读者理解窗体类的属性和方法的作用；能够使用扩展控件设计窗体界面；能够编写简单的事件处理程序；会使用 MDI 多文档界面设计。编码量达到 600 行。

项目三：学生管理系统。让读者能够用基本控件设计窗体界面；能够使用数据适配器 SqlDataAdapter 控件进行数据的导入与更新；能够将数据集 DataSet 中的数据显示在 DataGridView 中；能够对数据集 DataSet 中的数据进行增加、删除、修改；能够进行数据的查询。编码量达到 230 行。

项目四：考试管理系统。让读者能够使用基本控件设计窗体界面；能够使用数据连接类 SqlConnection 连接数据库；能够将数据库中的数据通过数据读取类 SqlDataReader 显示在 ListView 中；能够使用命令类 SqlCommand 对数据库中的数据进行增加、删除、修改；能够进行数据的模糊查询。编码量达到 523 行。

项目五：三层架构重构考试管理系统。让读者在实体类 MySchoolModels 项目中创建 Admin 类、Class 类、Grade 类和 Student 类；在数据访问层接口 MySchoolDAL 项目中创建 IAdminService 接口、IClassService 接口、IGradeService 接口和 IStudentService 接口；在数据访问层 MySchoolDAL 项目中创建 AdminService 类、ClassService 类、GradeService 类和

StudentService 类；在联机工厂 MySchoolDALFactory 项目中创建 AbstractDALFactory 类、AccessDALFactory 类和 SqlDALFacoty 类；在业务逻辑层 MySchoolBLL 中创建 ClassManager 类、GradeManager 类、LoginManager 类和 StudentManager 类。编码量达到 1377 行。

本书是国家示范性高职院校建设的重要成果，是基于工作过程的课程开发的重要成果，是漳州职业技术学院的资助出版教材。

本书可作为本科计算机相关专业及高职高专计算机类专业的程序入门教材，也可作为计算机编程培训的教程或相关技术人员的入门参考书。本书突破了传统的教学模式，体现了以实际工作过程为导向进行教学设计的思想。建议实施一体化教学。本书的实际教学可分两学期进行：第一学期快速热身，学习 C#基础语法、基本的控制台和 Windows 应用程序，重点培养学生的程序逻辑思维能力；第二学期项目实战，通过五个经典项目学习 C#的实践应用，培养学生开发桌面型和中小 C/S 架构程序的职业能力和职业素养。

本书第一部分由吴慧君整理编写；项目一、二由谢世煊编写；项目三、四、五由王燕贞编写。其他参与本书材料整理、代码调试的人员有林静、翁炳雄、王玮。本书的编写还得到杨文元等领导的帮助和支持，在此对大家的辛勤劳动表示衷心的感谢。

参与本书编写的三位作者均是长期教授该语言的一线教师，经验丰富，但由于时间仓促，书中疏漏在所难免，敬请读者谅解，并欢迎批评指正。

编　者
2009 年 6 月

目　录

第一部分　快速热身

第二部分 项 目 实 战

第一部分　快速热身

学习情境一　入门的必要知识

❖　**学习技能目标**
- ■　熟悉 Visual Studio 2005 环境
- ■　运用 C#编写.NET 命令行程序
- ■　运用 C# WinForms 编写.NET 窗口程序
- ■　能够使用输出函数 WriteLine 输出各种格式的文本
- ■　能够创建简单的窗体，并添加常用工具
- ■　会在程序中正确地使用数据并交互
- ■　学会让程序帮我们完成繁琐的计算工作

❖　**学习成果目标**
- ■　编码量达 190 行

❖　**学习专业词汇**
Console：控制台
form：窗体
expression：表达式

1.1　任务一：第一个控制台程序

1.1.1　功能描述

本例将创建一个简单却结构完整的 C#控制台程序，程序运行结果是在用户屏幕上输出一行文本。

通过本任务，我们应学会：

创建一个结构合理的控制台程序并运行调试；

能够使用控制台输出函数 WriteLine 输出各种字符串及特殊字符。

1.1.2 任务步骤

在 Visual Studio(简称 VS)中创建控制台应用程序的步骤如下：

(1) 打开 Visual Studio，选择"文件→新建→项目"，弹出"新建项目"对话框，如图 1.1 所示。单击模板中的"控制台应用程序"，输入一个"名称"，选择要存放的"位置"，然后单击"确定"按钮。

图 1.1

(2) Visual Studio 2005 为我们创建了控制台应用程序模板。我们在 Main 函数的花括号里填入三行代码，形成一个最简单控制台程序，代码展示如下：

```
1   /*  日期：09-03-22
2        第一个控制台程序        */
3   using System;
4   using System.Collections.Generic;
5   using System.Text;
6   namespace hello_world
7   {
8       class Program
9       {
10          static void Main(string[] args)
```

```
11          {
12              //以下三行是我们输入的语句，其它是 Visual Studio 为我们自动生成的。
13              Console.WriteLine("你知道标准计算机键盘有多少个按键吗？  ");
14              Console.WriteLine("A.105\nB.106\nC.107\nD.108");
15              Console.ReadKey();
16          }
17      }
18  }
```

程序输出为：

你知道标准计算机键盘有多少个按键吗？

A. 105

B. 106

C. 107

D. 108

代码分析：

1～2、12　注释语句。注释起着文档说明的作用，不参与编译。

3～5　using 语句。使得程序可以使用一个简单的控制台程序所需要的那些常用服务。删除这 3 行将使程序不能编译(实际上，由于本程序只用到最简单的 Console 对象，而 Console 对象是在 System 类中的，所以只要第 3 行"using System;"也是可以的)。

6　告诉 Visual Studio 我们创建了一个名称空间(应用程序库)叫做 hello_world；实际上这个名称就是创建程序时在"新建项目"对话框中输入的名称。

8　C#程序都是由 class(类)组成的，它为程序定义了一个容器。这里表示接下来的程序(9～17 行的一对花括号{ }中)是属于一个叫做 Program 的类的。

10　static void Main 为程序定义了入口点。应用程序启动时，Main 方法是第一个调用的方法，程序总是以 Main 函数后的一对花括号为开始和结束。一个 C#应用程序只能有一个入口点。

13　WriteLine 方法将指定字符串显示到屏幕上，要显示的字符串用双引号("")括住。WriteLine 方法是 Console 对象的一部分。

14　分 4 行显示 4 个选项。这里用到转义字符，在输出函数的花括号中，由斜杠"\"开头的字符表示某种特殊含义。比如这里的"\n"表示回车。

15　ReadKey 和 WriteLine 方法一样，都是 C#的标准类库的方法。将它放在这里程序将会等待用户的输入，我们必须按下 Enter 键才能终止程序。这样我们就有时间查看程序运行的结果了。如果没有这句，则程序在第 15 行执行完后将关闭，我们看到的将是闪了一下就关闭的控制台屏幕。

注意：类、方法及名称空间以"{"开始，以"}"结束。其它所有普通语句都以分号";"结束。丢失";"将导致编译失败。

1.1.3 知识点 1——注释及空白符的使用

1. 注释

注释是独立于代码的文档，不参与编译，是程序员用来交流想法的途径。注释通常反映程序员对代码逻辑的见解。因为程序可能会使用一段比较长的时间，并在这段时间内多次修改。而需要修改时，程序员经常已经记不起特殊的细节，或者已经找不到原来的程序员了。这样从头去理解程序要花费大量的时间和精力。所以好的注释文档是相当重要的。

C#的注释有两种形式：

一种是多行注释：/* */，在/*和*/之间的语句都不参加编译。

另一种是单行注释：//，即本行//后的语句为注释，不参与编译。

注释的作用主要有两点：

一是让程序员之间更好地交流。一般情况下，程序员习惯在程序的开头加上一段注释，标明该程序的基本信息。注释也经常用在一些较难理解的程序行后，起到解释的作用。

二是在调试程序时通过注释来使一些不确定的代码不参加编译，以便帮助程序员找出错误代码。

2. 空白符

C#程序使用空白符来分隔程序中使用的词和符号。空白符包括空格、制表符和换行符。正确使用空白符可以提高程序的可读性。

C#程序中，单词之间必须用空白符来分隔。其它空白符都将被编译器忽略，不会影响到程序的编译和运行结果。但一个好的程序员应该养成合理使用缩进和对齐的好习惯，从而使程序的结构更加清晰。比如说以下两个程序都能编译成功，但你更愿意读哪个？

```
class Program                                    class
{                                                Program{static void        Main(
    static void Main(string[] args)                  string[] args)
    {                                                {Console.
        Console.WriteLine("有趣的程序");
    }
}                                                WriteLine("有趣的程序");}        }
```

1.1.4 知识点 2——Write 和 WriteLine 方法、字符串连接

1. Write 和 WriteLine 方法的基本应用

在该任务中，我们触发了如下的 WriteLine 函数的语句：

```
Console. WriteLine("你知道标准计算机键盘有多少个按键吗？");
```

在这个语句中，Console 是 C#的控制台类，WriteLine 方法是 Console 类为我们提供的一项服务。该服务的功能为在用户屏幕上输出字符串。可以说，我们把数据通过 WriteLine 方法发送消息给 Console，请求打印一些文本。

我们发送给方法的每个数据都称为参数(parameter)。在这个例子中，WriteLine 方法只使用了一个参数：要打印的字符串。

Console 类还提供了另一种我们可以使用的类似的服务：Write 方法。Write 方法和 WriteLine 方法的区别很小，但我们必须知道：WriteLine 方法打印发送给它的数据，然后光标移到下一行的开始；而 Write 方法完成后，光标则停留在打印字符串的末尾，不移动到下一行。例如：

```
Console.Write("我所遇见的每一个人，");
Console.WriteLine("或多或少都是我的老师，");
Console.Write("因为我从他们身上学到了东西。");
Console.WriteLine();
Console.Write("-----爱默生");
```

其运行结果为：

> 我所遇见的每一个人，或多或少都是我的老师，
>
> 因为我从他们身上学到了东西。
>
> -----爱默生

注意：WriteLine 方法是在打印完发送给它的数据后，才将光标移动到下一行的。

2. 字符串连接

在知识点 1 中，我们看到，在程序中，代码是可以跨越多行的。因为编译器是以分语句结束标识的，回车换行不影响程序的编译。

但是，" "中的字符串文字不能跨越多行！比如：下面的程序语句语法是不正确的，尝试编译时将会产生一个错误。

```
Console. WriteLine("你知道标准计算机键盘有多少个按键吗？
                    我还真是没注意到。");
```

因此，如果我们想要在程序中打印一个比较长，无法在一行内写完的字符串，就可以使用字符串连接(string concatenation)将两个字符串头尾相连。字符串连接的运算符是加号(+)。例如，下面的表达式将三个字符串和一个变量连接起来，产生一个较长的字符串：

```
Console. WriteLine("你知道标准的计算机键盘有多少个按键吗？" +
    "我知道，总共有" + keys + "个按键。");
```

在该程序中，WriteLine 方法的调用使用了 4 条信息，有字符串，有变量(keys)。在引用变量 keys 时，使用当前存储在变量 keys 中的值(整型值 107)。 所以，在调用 WriteLine 时，获取 keys 的值 107。这是个整数，WriteLine 将它自动转换成字符串并和原来的字符串连接，连接后的字符串传递给 WriteLine 打印到屏幕上。打印结果为：

> 你知道标准的计算机键盘有多少个按键吗？我知道，总共有 107 个按键。

3. 转义序列

在 C#中输出字符串时，双引号(")用于指示一个字符串的开始和结束。假如我们想打印出一个引号来，将它放在一对双引号中(" ")，编译器会感到困惑，因为它认为第 2 个引号是字符串的结束，而不知道对第 3 个引号该如何处理，结果导致一个编译错误。

C# 语言定义了一些转义序列(escape sequence)来表示特殊字符，如表 1.1 所示。转义字符由反斜杠开始(\)，它告诉编译器，后面跟的一个或者多个字符应该按照特殊的方式来解释编译。

表 1.1　转 义 序 列

转义字符	意　　义
\'	用来表示单引号
\"	用来表示双引号
\\	用来表示反斜杠
\0	表示空字符
\a	用来表示感叹号
\b	用来表示退格
\f	用来表示换页
\n	用来表示换行
\r	用来表示回车
\t	用来表示水平 tab
\v	用来表示垂直 tab

注：转义序列可以用于表示按一般表示会引起编译问题的特殊字符。

1.1.5　知识点 3——运行与调试：逐语句调试

程序编写完后，就可以运行查看结果了。在 Visual Studio 2005 中，选择"调试→启动调试"，若程序没有语法错误，就能直接运行出结果；否则调试终止。启动调试的快捷键为 F5。

此外，还可选择"调试→逐语句"，若程序没有语法错误，则 Visual Studio 2005 编译器将从 Main 函数开始，逐行执行代码，正在执行的代码行以黄底高亮显示，如图 1.2 所示。采用逐语句调试可以逐行查看代码运行过程的详细情况。当程序出现运行错误时(没有语法错误，但运行出来的结果和我们预计的不一样)，也可以通过逐语句运行来帮助找出错误所在。逐语句调试的快捷键为 F11。

```
Console. Out.WriteLine("这是我们的第一个控制台程序。");
Console. In.Read();
```

图 1.2

1.2　任务二：第一个 Windows 程序

1.2.1　Visual Studio C# IDE 简介

Visual Studio C#集成开发环境(IDE)是一种通过常用用户界面公开的开发工具的集合。用户可以通过 IDE 中的窗口、菜单、属性页和向导与这些开发工具进行交互。我们将在这里介绍开发项目的过程中常用的一些功能。打开 Visual Studio，IDE 的默认外观如图 1.3 所示。

工具箱   Windows窗体设计器/代码编辑器

解决方案
资源管理器

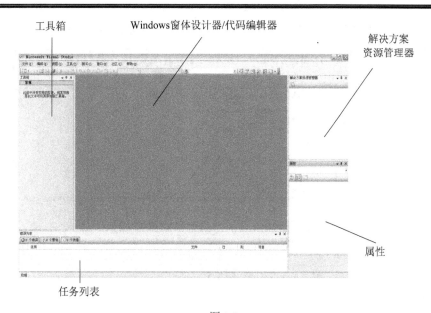

属性

任务列表

图 1.3

图 1.3 中所示工具的窗口都可从"视图"菜单打开。其中，较常用的有以下 4 种：

(1) 代码编辑器：用于编写源代码。

(2) 工具箱和 Windows 窗体设计器：用于使用鼠标迅速开发用户界面。

Windows 窗体设计器和代码编辑器在 IDE 的同一个位置上，可以通过上方的页面选择切换，如图 1.4 所示。

窗体设计器窗口：   代码编辑窗口：

图 1.4

(3) "属性"窗口：用于配置用户界面中控件的属性和事件。

(4) 解决方案资源管理器：可用于查看和管理项目文件和设置。该窗口以分层树视图的方式显示项目中的所有文件。创建 Windows 窗体项目时，默认情况下，Visual C#会将一个窗体添加到项目中，并为其命名为 Form1。表示该窗体的两个文件称为 Form1.cs 和 Form1.Designer.cs。这些文件列表我们都可以在"解决方案资源管理器"中查看到，如图 1.5 所示。

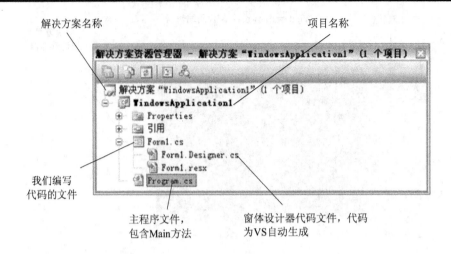

图 1.5

图 1.5 中：

Form1.cs 是我们写入代码的文件。

Form1.Designer.cs 文件中的代码是 Windows 窗体设计器自动写入的，这些代码用于实现所有通过从"工具箱"中拖放控件执行的操作。我们在该文件中就可以看到对应窗体所有控件的属性及事件。如该任务中"改变标签大小"按钮在 Designer.cs 中的代码如下：

```
this.btnSize.Location = new System.Drawing.Point(292, 277);

this.btnSize.Name = "btnSize";

this.btnSize.Size = new System.Drawing.Size(111, 28);

this.btnSize.TabIndex = 3;

this.btnSize.Text = "改变标签大小";

this.btnSize.UseVisualStyleBackColor = true;

this.btnSize.Click += new System.EventHandler(this.btnSize_Click);
```

在以上代码中，我们可以看到按钮的位置、名称、大小、Tab 键顺序、显示的文本及默认的颜色。最后一行定义了按钮的单击事件。

1.2.2 功能描述

本例将创建一个简单却完整的 C# WinForms 程序，该程序包含两个窗体，在程序运行时，先显示版权说明窗体，关闭版权窗体后才能显示出主窗体。版权窗体如图 1.6 所示。

图 1.6

主窗体中包含一个 label 控件和三个 button(按钮)。通过代码实现对 label 的字体、背景及大小的设置。主窗体如图 1.7 所示。

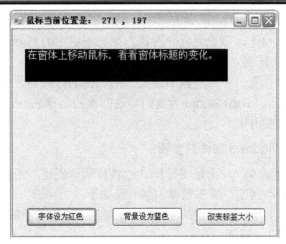

图 1.7

通过本任务，我们应：

理解窗体控件的属性和事件的作用；

能够使用基本控件设计窗体界面；

能够编写简单的事件处理程序。

1.2.3　任务步骤

1. 在 VS 中创建 Windows 应用程序的步骤

(1) 在 Visual Studio 的集成开发环境(IDE)中选择"文件→新建→项目"，或者单击 按钮，弹出"新建项目"对话框，如图 1.8 所示。

图 1.8

(2) 选择"Windows 应用程序"→输入"名称"→选择存放的"位置"→点击"确定"。Visual Studio 创建出一个默认窗体，该窗体就是本任务的主窗体。在右侧我们看到了一个解决方案管理器(Solution Explorer)。向导为新项目增加了一个 Form1.cs 文件。

注：我们可以为 Form1.cs 重命名。在解决方案管理器中的 Form1.cs 上右击，选择"重命名"，输入窗体名称。这里，我们将其重命名为"mainFrm"。

我们应当养成给窗体取一个可"顾名思义"的名称的好习惯。试想一下，在开发多窗体的应用程序时，若使用 Visual Studio 为我们自动创建的名称 Form1、Form2、Form3 等，将给开发团队的成员造成困扰。

2. 在 VS 中创建 Windows 窗体的步骤

本任务共包含两个窗体：一个是主窗体，由项目默认创建；另一个是版权窗体，是项目的子窗体，由我们手动创建。版权窗体创建方法如下：

(1) 打开已有的项目，选择"项目→添加 Windows 窗体"，或者单击 ▦ ▾ 按钮，弹出"添加新项"对话框，如图 1.9 所示。

(2) 选择"Windows 窗体"，输入"名称"，点击"添加"按钮，创建一个空白窗体。通过拖拽改变窗体大小，形成版权窗体，并将其命名为 copyRightFrm。

图 1.9

这样，我们就建立了一个 C#的 Windows 应用程序。有时，界面左边的工具箱没有出现，或者被我们关闭了，只要在主菜单中点击"视图→工具箱"就可以了。其它视图、窗口也都可以用类似的方法调出。

3. 添加控件的方法

在窗体中添加控件的方法有两种，第一种方法步骤如下：

(1) 点击工具箱中的工具。

(2) 在窗体中需要添加工具的地方点击，即添加标准大小的控件。若需要改变大小，则可以拖曳或在属性窗口中修改 size 属性。

另外，也可以按以下方法操作：

(1) 点击工具箱中的工具。

(2) 在窗体中需要添加工具的地方拖动到适当的大小。

添加好控件后，就该为控件设置属性和事件了。在设计器中用鼠标选中控件，可以看到属性窗口变为当前选中的控件的属性，如图 1.10 所示。

在图 1.10 中，下拉框用于在不同控件间切换。4 个图标按钮分别是按分类排序、按字母排序、属性和事件。属性窗口中列出了所选控件的可用属性。最下面是对选中属性的文字说明。图 1.10 是按照字母排序的属性窗口；图 1.11 是按照分类排序的事件窗口。

图 1.10

图 1.11

我们为两个窗体添加控件，重新命名(修改 Name 属性)并修改显示的文本，表 1.2 所示。

表 1.2　添加控件并修改属性

所属窗体	控　件	名称(Name)	文本(Text)
版权窗体	窗体(form2)	copyRightFrm	版权所有
	标签(label1)	label1	空
主窗体	窗体(form1)	form1	空
	标签(label1)	lblExp	在窗体上移动鼠标，看看窗体标题的变化
	按钮 1	btnFore	字体设为红色
	按钮 2	btnBack	背景设为蓝色
	按钮 3	btnSize	改变标签大小

另外，控件的大小和位置可以通过拖曳控件实现，也可以通过设置控件的 Size 属性和 Location 属性实现。其它常用属性如字体(Font)，背景色(BackColor)等，略懂英文的人都可以看得懂。即使看不懂也没关系，读者可以尝试修改属性，观察控件的变化，一般就能领会属性的含义了。

Name 属性和 Text 属性有什么不同呢？

① Name 是控件的名称，是控件在程序中的唯一标识，它的命名必须遵循 C#标识符的命名规则(这将在下一个任务中详细讲解)。而且，在一个文件中，不能出现两个名称相同的控件。

② Text 是控件相关的文本，通常是在控件上显示的字符串，如按钮上的文本、窗体的标题等。它可以是中文和特殊字符，可以重名。

4. 添加事件——编写代码

(1) 选中控件，将属性窗口切换到事件窗口。

(2) 找到事件名，在事件名右边的空白处双击，Visual Studio 从设计器自动切换到代码编辑器，并自动生成事件处理函数的函数体。为方便查找，可以根据需要选择适当的排序方式。

(3) 每个控件都有一个默认事件，按钮和文本标签的默认事件都是单击事件，而窗体是载入事件。有兴趣的读者可以试一下。默认事件通过双击控件生成。

例如，我们要为"字体设为红色"按钮添加单击事件，可以在事件窗体中找到"Click"，双击右边空白进入事件；也可以直接双击按钮进入。两种方法是一样的，都可自动生成如下函数体：

```
private void btnFore_Click(object sender, EventArgs e)
    {
    }
```

当用户点击该按钮时，执行这对花括号里的代码。我们看到，函数名由控件名和事件名组成，这样既可以保证函数名不重复，又可以使其一目了然。

在代码中，要如何修改控件的属性？

在代码中，我们可以通过圆点符号来调出实例对象的属性、函数等成员。如，通过控件名(Name)加圆点，Visual Studio 自动弹出可用成员，如图 1.12 所示。

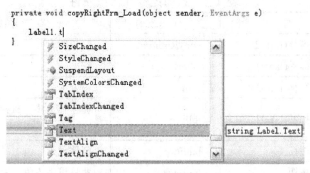

图 1.12

除了属性和事件外，成员还包含一些可用的函数。详情可以查看帮助文档。

这些事件的参数都是"object sender, EventArgs e"，它是什么意思呢？

object sender 和 EventArgs e 及其处理方式，是 Windows 消息机制的另外一种表现。即我们的动作被 Windows 捕获，Windows 把这个动作作为系统消息发送给程序(通过 message 结构)，程序通过消息循环从自己的消息队列中不断地取出消息，并发送到窗口中寻找对应的处理方式。例如，我们点击了某个按钮，我们的动作、点击的是哪个按钮、如何点击(单击、右击或双击)等就通过 sender 和 e 发送给窗口应用程序，找到对应的事件处理函数进行处理。这时 message 结构中的类似于 sender 和 e 的参数就起到了引导程序使用正确的处理函数的作用。

object sender：发出事件的对象。程序根据 sender 引用控件。如果是按钮 button，则 sender 就是那个 button。

System.EventArgs e：对象中的数据。e 是事件参数。在某些事件里，e 用处不大；但在

MouseEventArgs 的 Mouse 事件中，e 包括 mouse 的坐标值 e.X 和 e.Y。

1.2.4 代码展示

应用程序主、子窗体及 Windows 应用程序的入口文件完整代码如下(在"解决方案资源管理器"中双击 mainFrm.cs 就能看到主窗体对应的代码):

```
1   using System;
2   using System.Collections.Generic;
3   using System.ComponentModel;
4   u sing System.Data;
5   using System.Drawing;
6   using System.Text;
7   using System.Windows.Forms;
8   namespace FirstWindows
9   {
10      public partial class mainFrm : Form
11      {
12          public mainFrm ()
13          {
14              InitializeComponent();
15          }
16          private void btnFore_Click(object sender, EventArgs e)
17          {
18              lblExp.ForeColor = Color.Red;
19          }
20          private void btnBack_Click(object sender, EventArgs e)
21          {
22              lblExp.BackColor = Color.Blue;
23          }
24          private void mainFrm_MouseMove(object sender, MouseEventArgs e)
25          {
26              this.Text = string.Format("鼠标当前位置是：  {0} , {1}",e.X,e.Y);
27          }
28          private void mainFrm_Load(object sender, EventArgs e)
29          {
30              this.Text = "第一个 Windows 程序";
31              this.TopMost = true;
32              this.Hide();
33          }
```

```
34        private void btnSize_Click(object sender, EventArgs e)
35        {
36            Size s = new Size(300, 200);
37            lblExp.Size = s;
38        }
39    }
40 }
```

代码分析：

1～15　　系统自动生成的代码。

16～19　　按钮 btnFore(字体设为红色)的单击事件处理函数。将文本标签 lblExp 的前景色(字体色)设为红色。

20～23　　按钮 btnBack(背景设为蓝色)的单击事件处理函数。将文本标签 lblExp 的背景色设为蓝色。

24～27　　窗体 mainFrm(主窗体)的鼠标移动事件处理函数。当鼠标在窗体上移动时触发。读取事件参数 e 中的数据 e.X 和 e.Y，把它们显示到窗体的标题上。this 关键字表示当前对象，这里是窗体。

28～33　　窗体载入事件，该事件在窗体初始化时触发。该事件是窗体的默认事件，可以通过双击窗体空白处来生成。代码设置窗体标题文字，将窗体设为总在最前，并将窗体暂时隐藏。(因为我们要先显示版权窗体。)

34～38　　按钮 btnSize(改变标签大小)的单击事件处理函数。将文本标签 lblExp 的大小设为 300 × 200 像素。

在"解决方案资源管理器"中双击 copyRightFrm.cs，得到版权窗体对应的代码(以下代码省去了前面和 mainFrm 一样的 using 语句)：

```
1  namespace FirstWindows
2  {
3      public partial class copyRightFrm : Form
4      {
5          public int count = 0;
6          public copyRightFrm()
7          {
8              InitializeComponent();
9          }
10     private void copyRightFrm_FormClosed(object sender, FormClosedEventArgs e)
11         {
12             count = 1;
13         }
14     private void copyRightFrm_Load(object sender, EventArgs e)
15         {
16             label1.Text = "CopyRight1.0\n \nBy Vicky";
```

```
17          }
18        }
19  }
```

代码分析：

5　　　　定义全局变量 count 并设初值为 0。该变量的具体功能要和 Program.cs 文件结合起来看才能完整。

10～13　版权窗体的关闭事件处理函数。在版权窗体关闭时将全局变量 count 的值设为 1。

14～17　版权窗体的载入事件处理函数。设置 label1 的文本。也可以直接在 label1 的属性中设置，而不必写代码。这里是为了让大家多练习、多接触，才写到事件里的。

Windows 应用程序的入口——Program.cs 文件：

```
1   using System;
2   using System.Collections.Generic;
3   using System.Windows.Forms;
4   namespace FirstWindows
5   {
6       static class Program
7       {
8           /// <summary>
9           /// 应用程序的主入口点
10          /// </summary>
11          [STAThread]
12          static void Main()
13          {
14              Application.EnableVisualStyles();
15              Application.SetCompatibleTextRenderingDefault(false);
16              copyRightFrm Frm_cr = new copyRightFrm();
17              Frm_cr.ShowDialog();
18              if (Frm_cr.count = = 1)
19                  Application.Run(new Form1());
20          }
21      }
22  }
```

代码分析：

16～19　我们添加的代码，其余为 Visual Studio 自动生成的，用于将程序运行起来。

16　　　创建 copyRightFrm 的实例对象 Frm_cr。

17　　　ShowDialog() 以独占方式显示版权窗体 Frm_cr。也就是说，版权窗体显示的时候，相对项目而言是独占的，必须关闭版权窗体后才能继续处理项目的其它事务。

18　判断 Frm_cr 对象的 count 属性是否为 1，若为 1，才执行第 19 行代码。在 form2.cs 中，我们看到了 count 值只有在窗体关闭时，才能被处理函数改变为 1。也就是说，只有版权窗体关闭了，才能往下执行。此类用法通常也用在登录窗体的独占显示等。关于此类判断，我们将在后面的章节详细介绍。

19　初始化主窗体，使应用程序真正运行起来。

1.3　任务三：在程序中使用数据

1.3.1　功能描述

本任务通过一个基本的交互程序，将数据通过键盘输入给程序，并在程序中做一定的转换处理，最后将处理结果输出到用户屏幕。

通过本任务，我们应学会：

与程序进行交互；

在程序中使用变量和常量表示数据；

在不同类型变量之间进行转换。

1.3.2　代码展示

```
1   using System;
2   using System.Text;
3   namespace ConsoleApplication1
4   {
5       class Program
6       {
7           static void Main(string[] args)
8           {
9               string myString;
10              int myInt;
11              double myDouble, tempDouble;
12              Console.Write("请输入一行文本：");
13              myString = Console.ReadLine();
14              Console.WriteLine("您输入了：\"" + myString + "\"");
15              Console.Write("请输入一个整数：");
16              myInt = int.Parse(Console.ReadLine());
17              Console.WriteLine("您输入了：\"" + myInt + "\"");
18              Console.Write("请输入一个小数：");
```

```
19              myDouble = double.Parse(Console.ReadLine());
20              Console.WriteLine("您输入了：\"" + myDouble + "\"");
21              tempDouble = myInt;
22              Console.WriteLine("将整数赋值给 double 变量后得到：\"" +
23                              tempDouble.ToString("0.0") + "\"");
24              myInt = (int)myDouble;
25              Console.WriteLine("将小数强制转换成整数后：\"" + myInt + "\"");
26              Console.ReadLine();
27          }
28      }
29 }
```

代码分析：

13　　　在用户屏幕中，将键盘输入的一行文本作为字符串保存到变量 myString 中。

14　　　回显变量 myString 的值。

16～17　将终端输入的字符串(同样以回车结束)转换成整数保存到变量 myInt 中，并回显。

19～20　和 16～17 行的功能一样，只是这里是 double 类型，即小数。

21　　　将整型变量 myInt 赋值给双精度类型变量 tempDouble，实现了变量间的隐式转换。

22　　　回显 tempDouble，在 ToString()函数中加上参数 "0.0"，表示小数部分即使为 0 也会显示出来。

23　　　将双精度类型变量 myDouble 强制转换成整型变量 myInt，强制转换将丢失部分数据，如该语句将丢失小数部分。

1.3.3　知识点 1——变量、常量和赋值

变量是数据的存储位置，变量名就像门牌号一样。我们可以把数据存放到变量中，也可以取出来作为 C#表达式的一部分使用。

变量(variable)是用于保存数据的值的存储单元的名称。变量的声明告诉编译器我们需要使用一个某种类型的值，编译器就会为该值预留一块足够大的内存空间，同时指明我们用来引用这个内存单元的名称(门牌号)。变量声明的语法如下：

　　　数据类型　变量名；

如：int　age；　　表示定义一个整型变量，名为 age。

一个变量声明可以在同一行上有多个相同类型的变量。该行上每个变量可以有初值，也可以没有。

C#的数据类型将在 1.3.5 节详细介绍。我们先来看一下变量的基本命名规则：

(1) 变量名的第一个字符必须是字母、下划线(_)或@。

(2) 其后的字符可以是字母、下划线或数字。

(3) 不得使用系统标准标识符(又称关键字或保留字)。因为关键字对于 C#编辑器而言有特定含义，如果将关键字定义为变量名，编译器会出错(关键字在 Visual Studio 中默认显示为蓝色)。

例如下列变量名是合法的：

  my88

  HELLO

  _cookies

而下列变量名不合法：

24LondonBridge	//第一个字符不能是数字
waiting-for-you	//使用非法符号横杠 "-"，若为下划线 "_" 则合法
namespace	//使用了系统的名称空间关键字 namespace

另外，对于变量命名还有以下两点建议：

(1) 定义变量名时应尽量做到 "顾名思义"，如 age、name、side 等。尽量不要用难以理解的缩写，比如用 bc 表示边长，这样不仅不利于别的程序员阅读你的程序，一段时间后，连你自己都会很难理解这个变量的含义。

(2) 对于简单的关键字，一般使用全小写字母组成的单词表示，而对于较复杂的需要多个单词表示的，每个单词除第一个字母大写外，其余的字母均小写(第一个单词的首字母也用小写)，如 firstName、timeOfDeath 等。

1.3.4　知识点 2——交互式程序

我们通常需要程序在执行时与用户进行交互，从用户那里读取数据。这样我们的程序才能每次都根据用户输入的数据计算出不同的结果。

C# 的交互函数主要有两种：Console.Read()和 Console.ReadLine()，它们的功能都是从键盘读入信息。唯一不同的是 Read()方法用于获得用户输入的任何值(可以是任何的字母或数字)的 ASCII 值；ReadLine()用于将获得的数据保存在字符串变量之中。

ReadLine()方法获得的字符串也可以转换成其它数值类型，方法我们在本任务的程序代码中就已经接触过了：

```
myInt = int.Parse(Console.ReadLine());
myDouble = double.Parse(Console.ReadLine());
```

1.3.5　知识点 3——数据类型及转换

变量中所存放的数据的含义是通过类型来控制的。C#提供一套预定义的结构类型，称做简单类型。简单类型用保留字定义，这些保留字仅仅是在 System 名字空间里预定义的结构类型的化名。比如 int 是保留字，System.Int32 是在 System 名称空间中预定义的类型。一个简单类型和它化名的结构类型是完全一样的。也就是说，写 int 和写 System.Int32 是一样的。简单类型关键字的首字符是小写，如 char；名称空间中的化名一般为大写，如 Char。关于类型符和名称空间的关系，在本学习情境中，读者可以先不必深究。

简单类型主要有整型、浮点型、小数型、布尔型和字符型等。

1. 数值数据类型

C#中有三种数值类型：整型、浮点型和小数型。其中整型 8 种：sbyte、byte、short、ushort、int、uint、long 和 ulong。浮点型 2 种：float 和 double。float 精确到小数点后面 7 位，double 精确到小数点后面 15 位或 16 位。小数型 decimal 非常适用于金融和货币运算，精确到小数点后面 28 位。数值类型如表 1.3 所示。

表 1.3　数　值　类　型

保留字	别名类型	位数	最　小　值	最　大　值
sbyte	System.Sbyte	8	−128	127
byte	System.Byte	8	0	255
short	System.Int16	16	−32 768	32 767
ushort	System.UInt16	16	0	65 535
int	System.Int32	32	−2 147 483 648	2 147 483 648
uint	System.UInt32	32	0	4 294 967 295
long	System.Int64	64	−9 223 372 036 854 775 808	9 223 372 036 854 775 808
ulong	System.UInt64	64	0	18 446 744 073 709 551 615
float	System.Single	32	1.5×10^{-45}	3.4×10^{38}
double	System.Double	64	5.0×10^{-324}	1.7×10^{308}
decimal	System.Decimal	96	1.0×10^{-28}	7.9×10^{28}

char 类型代表无符号的 16 位整数，其数值范围为 0～65 535。char 类型的可能值对应于统一字符编码标准(Unicode)的字符集，其赋值形式有三种：

```
char chsomechar='A';
char chsomechar='\x0065';        //十六进制
char chsomechar='\u0065';        //Unicode 表示法
```

char 类型与其它整数类型相比有以下两点不同之处：

(1) 没有其它类型到 char 类型的隐式转换，即使是对于 sbyte、byte 和 ushort 这样能完全使用 char 类型代表其值的类型，sbyte、byte 和 ushort 到 char 的隐式转换也不存在。

(2) char 类型的常量必须被写为字符形式，如果用整数形式，则必须带有类型转换前缀。比如(char)65，将整数 65 强制转换为字符型，即 'A'。

2. 布尔型——值为 true 或 false

可能有些读者学过 C 或 C++，知道在它们的布尔类型中，非零的整数值可以代替 true。但 C#语言摈弃了这种做法，也就是说，在 C#语言中，bool 数据类型只能有 true(真)或 false(假) 两种取值。整数类型和布尔类型不能进行转换操作。

布尔数据类型的声明格式如下：

布尔类型关键字　　变量名

例如：

```
bool    is_adult;
bool    inWord = true;
bool    canFly = false;
```

3. 类型转换

类型转换分为隐式类型转换和显式类型转换两种。

(1) 隐式类型转换通过赋值实现。例如，将一个整型数值赋值给一个双精度类型变量：double d = 2；赋值时 2 被隐式转换为 2.0 再存放到变量 d 中。

(2) 显式类型转换也称为强制类型转换，用括号加类型名实现。例如：已有一个整型变量 int i；要将双精度类型变量 myDouble 中的值转换为整数并存放到 i 中，表达式为：i = (int)myDouble。

注意：强制类型转换可能丢失部分数据，所以进行强制类型转换时应细心慎重。

1.4　任务四：让程序为我们计算

1.4.1　功能描述

本任务通过一个基本的数据处理程序，定义若干个变量，进行算术、关系和逻辑运算，最后将运算结果输出到用户屏幕。

通过本任务，我们应学会：

进行基本的算术、关系和逻辑运算；

在程序中使用复杂的表达式。

1.4.2　代码展示

由于本程序代码比较简明，不再一一详解。请读者自行通过注释理解。

```
1   using System;
2   namespace expression
3   {
4       class Program
5       {
6           static void Main(string[] args)
7           {
8               int a = 5 + 4;      //a=9
9               int b = a * 2;      //b=18
10              int c = b / 4;      //c=4
11              Console.WriteLine("a = " + a + "   b = " + b + "   c = " + c);
12              int d = b – c;      //d=14
13              int e = –d;         //e=–14
```

```
14          int f = e % 4;      //f=-2
15          Console.WriteLine("d = " + d + "   e = " + e + "   f = " + f);
16          double g = 18.4;
17          double h = g % 4; //h=2.4
18          Console.WriteLine("g = " + g + "   h = " + h);
19          int i = 3;
20          int j = i++;        //i=4, j=3
21          int k = ++i;        //i=5, k=5
22          Console.WriteLine("i = " + i + "   j = " + j + "   k = " + k);
23          Console.WriteLine("a>b  is   " + (a > b));
24          Console.WriteLine("d==e is   " + (d == e));
25          Console.WriteLine("a<=b and j!=k    is   " + ((a <= b) && (j != k)));
26          Console.ReadLine();
27      }
28    }
29  }
```

1.4.3   知识点 1——表达式和优先级

1．算术运算符

(1) 二元算术运算符如表 1.4 所示。

表 1.4   二元算术运算符

运　算　符	用　法	描　述
+	op1+op2	加
−	op1−op2	减
*	op1*op2	乘
/	op1/op2	除
%	op1%op2	取模(求余)

算术运算符"+""−"可以对整型、实数型、字符型和一些复杂数据类型操作，完成算术运算；"*""/""%"只能对数字进行操作，也就是只对整型、实数型有效。

注意：

① 若两个操作数都是整数，则"/"运算符执行整数除法。即若相除有余数，系统自动对结果进行去尾取整处理，得到商的整数部分。

② "%"运算符执行求余运算。即将两数相除的余数部分作为运算结果。

C# 对加号运算符进行了扩展，使它能够进行字符串的连接，如 "abc"+"de"，得到串 "abcde"。这点我们在前面的知识点已经讲过了。

(2) 一元算术运算符如表 1.5 所示。

表 1.5　一元算术运算符

运 算 符	用　法	描　述	运 算 符	用　法	描　述
+	+op	正值	++	++op,op++	自增 1
−	−op	负值	−−	−−op,op−−	自减 1

i++ 与 ++i 的区别如下：

i++ 先将 i 作为表达式的值，再将 i 自增(相当于 i=i+1)。如：

　　i=5；

　　j=i++；

i 的值(5)先作为表达式 i++ 的值赋值给 j 再自身加 1，执行完这两行代码后，j 的值为 5，i 的值为 6。

++i 则是 i 的值先自增，再将自增后的值作为表达式的值。如：

　　i=5；

　　j=++i；

i 先自增，再作为表达式 ++i 的值赋值给 j，执行完这两行代码后，i 和 j 的值均为 6。

对 i−− 与 −−i 也是同样的道理。

2. 关系运算符

关系运算符用来比较两个值，结果为布尔型的值 true 或 false。关系运符都是二元运算符，如表 1.6 所示。

表 1.6　关 系 运 算 符

运算符	用　法	返回 true 的情况	运算符	用　法	返回 true 的情况
>	op1>op2	op1 大于 op2	<=	op1<=op2	op1 小于或等于 op2
>=	op1>=op2	op1 大于或等于 op2	==	op1= =op2	op1 与 op2 相等
<	op1<op2	op1 小于 op2	!=	op1!=op2	op1 与 op2 不等

(1) 关系运算的结果返回 true 或 false。

(2) 关系运算符常与布尔逻辑运算符一起使用，作为流控制语句的判断条件。如：if(a>b && b= =c)表示"如果 a 大于 b 并且 b 等于 c"，我们将在后面的章节中详细介绍。

3. 布尔逻辑运算符

布尔逻辑运算符进行布尔逻辑运算，如表 1.7 所示。

表 1.7　布尔逻辑运算符

op1	op2	op1&&op2	op1‖op2	!op1
false	false	false	false	true
false	true	false	true	true
true	false	false	true	false
true	true	true	true	false

(1) "&&"为二元运算符，实现"逻辑与"。从表 1.7 中可以看出，只有当两个操作数的值都为 true 时，运算结果才为 true；只要有一个操作数的值为 false，结果就为 false。

(2) "‖"为二元运算符，实现"逻辑或"。从表 1.7 中可以看出，只有当两个操作数的值都为 false 时，运算结果才为 false；只要有一个操作数的值为 true，结果就为 true。

(3) "!"为一元运算符，实现逻辑非。它将 true 变为 false，将 false 变为 true。

对于二元布尔逻辑运算，运行时系统先求出运算符左边的表达式的值。对于"与运算"，如果左边表达式的值为 false，则不必对右边的表达式求值，整个表达式的结果为 false；同样，对"或运算"，如果左边为 true，则整个表达式的结果为 true，不必对运算符右边的表达式再进行运算。

将变量和运算符一同放到语句中形成表达式。表达式计算之后可以得出结果。表 1.8 列出了 C#允许的运算符结合性。

表 1.8 运算符结合性

分类	运 算 符	结合性
初级	(x) x.y f(x) a[x] x++ x-- new typeof sizeof checked unchecked	左
单目	+ - ! ~ ++x --x (T)x	左
乘法等	* / %	左
加法等	+ -	左
移位	<< >>	左
关系	< > <= >= is	左
相等	== !=	右
逻辑与	&	左
逻辑异或	^	左
逻辑或	|	左
条件与	&&	左
条件或	||	左
条件	?:	右
赋值等	= *= /= %= += -= <<= >>= &= ^= |=	右

运算符优先级的基本原则如下：

① 初级运算符优先级最高，其中以括号"( )"为代表。

② 一元高于二元、二元高于三元(赋值运算符除外，赋值优先级最低)。

③ 算术运算符高于关系运算符，关系运算符高于逻辑运算符。

当表达式中出现两个具有相同优先级的运算符时，它们根据结合性进行计算。左结合意味着运算符是从左到右进行运算的。右结合意味着运算是从右到左进行的，如赋值运算符，要等到其右边的计算出来之后，才把结果放到左边的变量中。

建议在写表达式的时候，如果无法确定操作符的有效顺序，则尽量采用括号来保证运算的顺序，这样也使得程序一目了然，而且能使自己在编程时思路清晰。

1.4.4 知识点 2——调试：断点和查看变量内容

除了任务 1 中提到的逐语句单步调试程序外，还可以让程序自由运行，直到我们设置的某一点停止。我们可以将光标移动到代码窗口左边的棕色竖直条上，单击想要让程序暂停的那一行，如图1.13所示。

```
int e = -d;        //e=-14
int f = e % 4;     //f=-2
Console.WriteLine("d = " + d + "  e = " + e + "  f = " + f);
```

图 1.13

在程序运行到达断点时，它暂停运行，Visual Studio 从应用程序(控制台用户屏幕或者窗体)切换回 Visual Studio，聚焦到代码窗口。在任务列表中可以看到局部变量，如图1.14所示。

局部变量		▼ 卑 ×
名称	值	类型
args	{维数:[0]}	string[]
a	9	int
b	18	int
c	4	int
d	14	int
e	-14	int
f	0	int
g	0.0	double

图 1.14

1.5　举 一 反 三

1. 编写程序，在控制台输出以下图案：

```
      *
     ***
    *****
   *******
    *****
     ***
      *
```

2. 建立一个 Windows 应用程序，模拟学生管理系统登录窗体的功能。

3. 编写程序，将英里转换为公里(1 英里 = 1.609 35 公里)。从用户处读取浮点数表示英里数。

4. 从用户处读取一整数，编写表达式计算该数所表示年是否为闰年，计算结果输出 true 或 false。

5. 从用户处读取一整数，将各个位上的数分别输出。如输入"3417"，输出"3，4，1，7"。

学习情境二　面向对象编程

❖　学习技能目标
- 对象的创建和对象引用变量的使用
- C#框架类提供的服务——String 类、Random 类和 Math 类
- 类的基本设计、成员的添加、编写方法
- 重载构造函数，继承和封装

❖　学习成果目标
- 编码量达 180 行

❖　学习专业词汇
attribute：属性
encapsulation：封装

2.1　任务一：学会使用已有资源

2.1.1　功能描述

本任务通过一个控制台应用程序，演示了 C#.NET 框架类中的几个常用的类，包括 System.String、System.StringBuilder、System.Math 和 System.Random 类。

2.1.2　代码展示

```
1   using System;
2   using System.Text;
3   namespace useClassPro
4   {
5       class Program
6       {
7           static void Main(string[] args)
8           {
9               StringBuilder former = new StringBuilder("原始字符串为: ");
10              StringBuilder total;
11              string mutation1, mutation2, mutation3;
12              int a, b, c;
13              double discriminant, root1, root2, test;
```

```
14        Console.WriteLine("原始字符串为: \"" + former + "\"");
15        Console.WriteLine("字符串长度为: " + former.Length);
16        total = former.Append("ax^2+bx+c");
17        mutation1 = total.ToString().ToUpper();
18        mutation2 = mutation1.Replace("X", "y");
19        mutation3 = mutation2.Substring(21,9);
20        Console.WriteLine("连接后的字符串为:" + total);
21        Console.WriteLine("mutation1 -- 调用大写函数后:" + mutation1);
22        Console.WriteLine("mutation2 -- 调用替代函数将 X 替代为 y 后:"
                                              +mutation2);
23        Console.WriteLine("mutation3 -- mutation2 的子串:" + mutation3);
24        Console.WriteLine();


25        Console.WriteLine("请输入 x^2 的参数 A:");
26        a = int.Parse(Console.ReadLine());
27        Console.Write("请输入 x 的参数 B:");
28        b = int.Parse(Console.ReadLine());
29        Console.WriteLine("请输入方程的常数 C:");
30        c = int.Parse(Console.ReadLine());


31        discriminant = Math.Pow(b, 2) – (4 * a * c);
32        root1 = ((–1 * b) + Math.Sqrt(discriminant)) / (2 * a);
33        root2 = ((–1 * b) – Math.Sqrt(discriminant)) / (2 * a);


34        Console.WriteLine("Root1:" + root1);
35        Console.WriteLine("Root2:" + root2);
36        Console.WriteLine();


37        Console.WriteLine("让我们尝试随机生成方程:");
38        System.Random generator = new Random(DateTime.Now.Millisecond);
39        a = generator.Next(100) –50;
40        b = generator.Next(35);
41        c = generator.Next();
42        Console.WriteLine("随机生成的方程是: "
                                      + a + "x^2 +" + b + "x +" + c);
43        Console.WriteLine();


44        test = generator.NextDouble();
```

```
45              Console.WriteLine("test : 0.0~1.0:" + test);
46              test = generator.NextDouble()*10;
47              Console.WriteLine("test : 0.0~10.0:" + test);
48              Console.ReadLine();
49          }
50      }
51  }
```

代码分析：

2　　　　该例中使用了 StringBuilder 类，由于该类在名称空间 System.text 中，因此 using 语句导入该名称空间。

9　　　　新建 StringBuilder 类的实例对象 former，初始值为"原始字符串为:"。

10　　　定义 StringBuilder 类的对象 total，未对其进行初始化。

11　　　定义 string 类型变量 3 个：mutation1、mutation2 和 mutation3，用于进行字符串数据的处理。

12　　　定义 int 类型变量 3 个：a、b、c，用于进行整数数据的处理。

13　　　定义 double 类型变量 3 个：root1、root2、test，用于进行小数数据的处理。

14～15　输出 StringBuilder 的实例对象 former 的内容和长度。

16　　　在 StringBuilder 的实例 former 的末尾连接上字符串"ax^2+bx+c"，将连接后的字符串赋值到 StringBuilder 的实例对象 total 中。

17　　　将 StringBuilder 的实例 total 通过 ToString()方法转换为字符串，并通过 ToUpper()方法转换为大写，并赋值到字符串变量 mutation1 中。

18　　　将字符串变量 mutation1 中的 X 替换为 y，并将替换后的结果赋值到字符串变量 mutation2 中。

19　　　取字符串变量 mutation2 中从第 22 个字符开始的 9 个字符，作为子串赋值到字符串变量 mutation3 中。

注意：字符串的索引是从 0 开始的，所以第 1 个字符的索引是 0，第 22 个字符的索引是 21。

20～24　将处理后的数值输出。

25～30　在用户屏幕上输入 3 个整数，每个数以一个回车结束。这 3 个数值被赋值到 a、b、c 3 个变量中。

注意：ReadLine()函数接收以回车结束的一行数据。

31～33　用来求方程的根。

31　　　求判别式"b^2-4ac"的值，这里用到数学函数 Math.Pow(b, 2)，表示 b 的平方。Pow 函数用来求数的 n 次方。

32～33　用公式求方程的两个根。数学函数 Math.Sqrt()用来求函数所带参数的平方根。

38　　　生成随机类的实例对象 generator，使用当前系统时间 DateTime.Now.Millisecond 作为种子值，这样可以增加随机性。

39　　　生成一个-50～49 之间的随机数，赋值给 a。

40　　　生成一个 0～34 之间的随机数，赋值给 b。

41　　　生成一个整数 int 范围内的随机数，赋值给 c。

42　　　输出生成的随机方程。

44～47　生成随机小数，调整范围并输出。

2.1.3　知识点 1——.NET 框架类之 Math 类

C#标准类库的 System 命名空间中定义了大量的常用类。其中 Math 类中提供了大量的基本数学函数，用来帮助我们执行数学计算。该类主要为三角函数、对数函数和其它通用数学函数提供常数和静态方法。表 2.1 列出了 Math 类的一些方法和说明，由于数量较多、用法较简单，这里不一一详解。要查找如何使用每个方法的其它信息，可以搜索帮助文件的"Math Member"。

表 2.1　Math 类

方　法	说　明
E	代表自然对数基(e)，通过常量指定
PI	代表圆周率(π)，圆周和直径的比，通过常量指定
Abs	返回指定数字的绝对值
Acos	为指定数字的角度返回余弦值
Asin	为指定数字的角度返回正弦值
Atan	为指定数字的角度返回正切值
Atan2	为两个指定数字的商的角度返回正切值
BigMul	生成两个 32 位数字的完整乘积
Ceiling	返回大于或等于指定数字的最小整数
Cos	返回指定角度的余弦值
Cosh	返回指定角度的双曲余弦值
DivRem	计算两个数字的商，并在输出参数中返回余数
Exp	返回 e 的指定次幂
Floor	返回小于或等于指定数字的最大整数
IEEERemainder	返回一指定数字被另一指定数字相除的余数
Log	返回指定数字的对数
Log10	返回指定数字以 10 为底的对数
Max	返回两个指定数字中较大的一个
Min	返回两个数字中较小的一个
Pow	返回指定数字的指定次幂
Round	将值舍入到最接近的整数或指定的小数位数
Sign	返回表示数字符号的值
Sin	返回指定角度的正弦值
Sinh	返回指定角度的双曲正弦值
Sqrt	返回指定数字的平方根
Tan	返回指定角度的正切值
Tanh	返回指定角度的双曲正切值
Truncate	计算一个数字的整数部分

Math 类中的所有方法都是静态方法(static methods)，也称为类方法(class methods)。静

态方法可以通过定义它们的类名来触发，不需要首先实例化一个类的对象。

　　Math 类的方法用于进行数学运算，它们的返回值就是运算结果，可以根据需要用于表达式。例如，下面语句计算变量 price 的绝对值，将它加上变量 aigo 的值的 3 次方，然后将结果存储到变量 total 中：

　　　　total = Math.abs(price) + Math.pow(aigo,3);

2.1.4　知识点 2——.NET 框架类之 Random 类

　　我们在编写实际应用软件的时候，经常需要用到随机数。如游戏中经常要用随机数来表示掷骰子和扑克发牌，网络考试系统中用随机数来从题库中抽取考题，飞行模拟也可以使用随机数来模拟飞机引擎发生故障的几率等。

　　Random 类是 System 命名空间的一部分，表示伪随机数生成器(pseudo random number generator)。它是一种能够产生满足某些随机性统计要求的数字序列的设备。随机数生成器从一个程序员指定的范围内提取一个值。由于这是用一种确定的数学算法选择的，是以相同的概率从一组有限的数字中选取的，因此所选数字并不具有完全的随机性。但是从实用的角度而言，其随机程度已足够了。

　　表 2.2 中列出了 Random 类的一些常用方法。其中，Next 方法用来产生随机整数。它可以不带参数，这样表示产生一个整个 int 范围内的随机值，包括负数。但是，实际问题中通常需要更具体的范围，可以使用带参数的 Next 方法返回一个从 0 到比给定参数(maxValue)小 1 的范围内的整数值。

表 2.2　Random 类

方　　法	说　　明

构造函数：
public Random();
public Random(int Seed);
	用于初始化 Random 类的一个新实例，如果有种子值(Seed)，则使用指定的种子值
	建议：可以使用 DateTime.Now.millisecend 作为种子值，这是基于程序开始运行的时间的随机数

public virtual int Next(int maxValue);	返回一个比指定最大值 maxValue 小的非负的数
public virtual double NextDouble();	返回一个介于 0.0 和 1.0 之间的随机数
protected virtual double Sample();	返回一个介于 0.0 和 1.0 之间的随机数

　　例如模拟筛子时，需要一个 1～6 之间的随机整数值。就可以调用 Next(6) 来得到一个 0～5 之间的随机数，然后加上 1，即 Next(6)+1。可以看出，传递给 Next 方法的值也就是可能得到的随机数的数量。可以根据实际情况增加或减去适当的数量来改变随机数范围。

　　同样的道理，NextDouble 方法返回的是 0.0～1.0 之间的浮点数。如果需要，可以通过乘法来调节结果。

2.1.5　知识点 3——.NET 框架类之 String 类

　　在学习情境一中，我们已经知道了 C#支持的基本数据类型。其中，有用来存放单个字符的 char 类型，它们用单引号表示。那么，由多个字符组成、用双引号表示的字符串该如何表示呢？在 C# 中，string 作为一种内在的或者原始的数据类型来使用。它可以用简单的变量初始化来创建。

实际上，在 C# 中也包含了一个类名称为 String，它是 string 关键字的一个别名，二者可以互换使用。在我们的实例代码中使用关键字 string，但是如果在联机帮助文档中查找 string，则指向的是 String 类。这并不矛盾，因为在内部，C#将所有原始类型均表示为类。

String 类的常用成员方法如表 2.3 所示。

表 2.3　String 类

方　法	说　明
公共字段	
Empty	表示空字符串。此字段为只读
公共属性	
Length	获取此实例中的字符数
公共方法	
Compare	比较两个指定的 String 对象
Concat	连接 String 的一个或多个实例，或是 Object 的一个或多个实例的值的 String 表示形式
Copy	创建一个与指定的 String 具有相同值的 String 的新实例
Equals	确定两个 String 对象是否具有相同的值
Format	将指定的 String 中的每个格式项替换为相应对象的值的文本等效项
IndexOf	报告 String 的一个或多个字符在此字符串中的第一个匹配项的索引
Insert	在此实例中的指定索引位置插入一个指定的 String 实例
Join	在指定 String 数组的每个元素之间串联指定的分隔符 String，从而产生单个串联的字符串
LastIndexOf	报告指定的 Unicode 字符或 String 在此实例中的最后一个匹配项的索引位置。
PadLeft	右对齐此字符串中的字符，在左边用空格或指定的 Unicode 字符填充以达到指定的总长度
PadRight	左对齐此字符串中的字符，在右边用空格或指定的 Unicode 字符填充以达到指定的总长度
Remove	从此实例中删除指定个数的字符
Replace	将此实例中的指定 Unicode 字符或 String 的所有匹配项替换为其它指定的 Unicode 字符或 String
Split	返回包含此实例中的子字符串(由指定 Char 或 String 数组的元素分隔)的 String 数组
Substring	从此实例检索子字符串
ToLower	返回此 String 转换为小写形式的副本
ToString	将此实例的值转换为 String
ToUpper	返回此 String 转换为大写形式的副本
公共操作和索引	
==	如果运算符两边的字符串有相同的值(内容)，则返回 true，反之返回 false
!=	如果运算符两边的字符串有不同的值(内容)，则返回 true，反之返回 false
[]	返回指定索引([]中的数字)处的字符，索引从 0 开始

让我们来看看 String 数据类型的基本操作：

```
string s1 = "orange";

string s2 = "red";

s1 += s2;

System.Console.WriteLine(s1); //输出 "orangered"

s1 = s1.Substring(2, 5);

System.Console.WriteLine(s1); //输出 "anger"

s1 = s1.ToUpper();

System.Console.WriteLine(s1); //输出 "ANGER"
```

在 C# 中，字符串对象是"不可变的"，任何对 String 的修改都会创建一个新 String 对象。在前面的示例中，语句"s1+=s2;"将 s1 和 s2 的内容连接起来以构成一个字符串，+=运算符会创建一个包含内容为"orangered"的新字符串，由 s1 引用。包含"orange"和"red"的两个字符串均保持不变。而原来由 s1 引用的包含"orange"的字符串仍然存在，但将不再被引用。同理，"s1=s1.Substring(2, 5);"、"s1=s1.ToUpper();"也分别创建了新字符串给 s1 引用。大量的类似字符串相加操作的时候，就会有很多字符串像 s1 一样不再被引用，从而造成内存资源的极大浪费。

当我们需要对字符串执行重复修改的情况下，例如在一个循环中将许多字符串连接在一起时，使用 String 类，系统开销可能会非常大。如果要修改字符串而不创建新的对象，则 C#中还有另外一种创建和使用字符串的格式，即 System.Text.StringBuilder 类。解决这种问题时使用 StringBuilder 类可以提升性能。

StringBuilder 类必须使用 new 运算符来创建对象。以下语句声明了一个 StringBuilder 类的对象 MyStringBuilder，并将其初始化为"Hello World!"：

```
StringBuilder MyStringBuilder = new StringBuilder("Hello World!");
```

StringBuilder 类支持很多和 String 类中一样的属性和方法，并且在很多情况下，它们在代码中的用法是类似的。

表 2.4 中列出了 StringBuilder 类的一些构造函数和常用成员。

表 2.4　StringBuilder 类

公共构造函数(public)	
StringBuilder()	构造默认容量的 StringBuilder 类的新实例
StringBuilder(Int32)	构造指定容量的 StringBuilder 类的新实例
StringBuilder(String)	使用指定的字符串初始化 StringBuilder 类的新实例
StringBuilder(Int32, Int32)	构造有指定容量并且可增长到指定最大容量的 StringBuilder 类的新实例
StringBuilder (String, Int32)	使用指定的字符串和容量初始化 StringBuilder 类的新实例
公共属性	
Capacity	获取或设置可包含在当前实例所分配的内存中的最大字符数
Length	获取或设置当前 StringBuilder 对象的长度
MaxCapacity	获取此实例的最大容量

续表

方　　法	说　　明
公共方法	
Append	在此实例的结尾追加指定对象的字符串表示形式
AppendFormat	向此实例追加包含 0 个或更多格式规范的格式化字符串。每个格式规范由相应对象参数的字符串表示形式替换
EnsureCapacity	确保 StringBuilder 的此实例的容量至少是指定值
Equals	返回一个值，该值指示此实例是否与指定的对象相等
GetType	获取当前实例的 Type(从 Object 继承)
Insert	将指定对象的字符串表示形式插入到此实例中的指定字符位置
Remove	将指定范围的字符从此实例中移除
Replace	将此实例中所有的指定字符或字符串替换为其它的指定字符或字符串
ToString	将 StringBuilder 的值转换为 String
公共操作和索引	
[]	返回指定索引的字符，索引从 0 开始

String 和 StringBuilder 两种类型之间的转换方法如下：

要从一个 String 对象中得到一个 StringBuilder 对象，可使用 StringBuilder 类的构造函数 public StringBuilder(String)；要从 StringBuilder 对象中得到 String 对象，可使用 ToString 方法。演示如下：

```
StringBuilder myStringBuilder = new StringBuilder(myString);
String myString = myStringBuilder.ToString();
```

关于 new 运算符和构造函数等概念，将在下一个任务中详细介绍。

2.2　任务二：学生类的初步设计

在学习情境一的例子中，我们都是编写具有单一 Main 方法的单个类。这些类看起来很小，却是完整的程序。这样的程序通常使用 C# 类库中预定义的类来实例化对象，并使用这些对象提供的服务，如"System.Console.WriteLine( );"。这样的预定义类也是程序的一部分，但我们无需考虑它们的具体实现，只要了解如何和它们交互，了解它们所提供的服务就可以了。

但是很多时候，我们需要自己定义最适于实际情况的服务，所以我们需要创建项目中的类和对象。例如，我们需要创建学生类来处理和学生相关的事件。

2.2.1　功能描述

创建类及对象：本任务设计一个学生基本信息的实体类，并在 Windows 应用程序的窗体中调用该类。本任务在窗体类中创建并修改学生类实例对象的属性，通过学生类实例调用类中公共方法，最后将调用的结果显示在窗体的 label 控件上。运行结果如图 2.1 所示。

图 2.1

在已有项目中增加一个新类有两种方法。

(1) 选择"项目→添加类"菜单项。选中后，Visual Studio 将显示"添加新项"对话框，并在模板中已选中"类"。

(2) 右击解决方案，选择"添加→添加类"。和第(1)种方法一样，Visual Studio 将显示"添加新项"对话框。

输入类名 Student 后点击确定，Visual Studio 为我们增加一个新类并显示默认的代码。在该代码框架中添加所需代码后，学生信息实体类的基本设计就完成了。

2.2.2 代码展示

```
1   using System;
2   /*******************************
3    * 类名：Student
4    * 创建日期：2009-03-29
5    * 功能描述：学生信息实体类
6    *******************************/
7   namespace WindowsApplication2
8   {
9       [Serializable]
10      public class Student
11      {
12          #region Private Members
13          protected int id;
14          protected int classID;
15          protected string studentNO = String.Empty;
16          protected string studentname = String.Empty;
17          protected string sex = String.Empty;
18          protected string address = String.Empty;
19          protected double postalCode;
20          #endregion
21          #region Public Properties
22          public int Id
```

```
23              {
24                   get { return id; }
25              }
26          public int ClassID
27              {
28                   get { return classID; }
29                   set { classID = value; }
30              }
31          public string StudentNO
32              {
33                   get { return studentNO; }
34                   set { studentNO = value; }
35              }
36          public string StudentName
37              {
38                   get { return studentname; }
39                   set { studentname = value; }
40              }
41          public string Sex
42              {
43                   get { return sex; }
44                   set { sex = value; }
45              }
46          public string Address
47              {
48                   get { return address; }
49                   set { address = value; }
50              }
51          public double PostalCode
52              {
53                   get { return postalCode; }
54                   set { postalCode = value; }
55              }
56          #endregion
57          public bool istownee(string s1,string s2)
58              {
59                   return (s1==s2);
60              }
61          public void editStu(string sNo,string sAdd,double sPC )
```

```
62              {
63                  this.StudentNO = sNo;
64                  this.address = sAdd;
65                  this.postalCode = sPC;
66              }
67          }
68  }
```

代码分析：

12～20   定义了学生信息类的私有成员。

21～56   定义了该类的公有属性，并设置其访问器。可利用访问器来访问类的私有成员。其中，Id 是只读属性，因为它只有 get 访问器。

57～60   这是一个公有布尔类型的方法，含有两个字符串类型的参数。利用 return 语句返回(s1= =s2)的值。若两个字符串相等，则返回 true，否则返回 false。该例中用来判断两个学生是否同乡。

61～66   这是一个公有无返回值(void)的函数，有 3 个参数。该函数用来编辑学生的学号、地址和邮编。由关键字 void 修饰的函数无需 return 语句。

本任务在窗体类 Form1 的载入事件中调用该学生类，代码如下：

```
1   private void Form1_Load(object sender, EventArgs e)
2   {
3       Student stu1 = new Student();
4       Student stu2 = new Student();
5       stu1.Address = "福建漳州";
6       stu2.Address = "福建厦门";
7       label1.Text = "学生一：" + stu1.Address + "\n";
8       label1.Text += "学生二："+stu2.Address + "\n";
9       label1.Text += "两个学生是同乡：";
10      label1.Text += stu1.istownee(stu1.Address, stu2.Address).ToString();
11      label1.Text += "\n";
12      stu2.editStu("081023", "福建漳州", 363000);
13      label1.Text += stu2.StudentNO + stu2.Address + stu2.PostalCode;
14  }
```

代码分析：

3～4   创建 Student 类的两个实例 stu1 和 stu2。

5～6   将两个实例的 Address 属性分别设置为"福建漳州"和"福建厦门"。

7～13   将设置好的地址属性添加到文本标签 label 中。详解见下。

10   调用 istownee 函数返回一个布尔值，并将其转换为字符串类型显示。

12   调用 editStu 函数将 stu2 的学号、地址和邮编属性修改为给定的值："081023"，"福建漳州"和 363000。

13   将修改后的学号、地址和邮编属性添加到 label1 中显示出来。

2.2.3　知识点 1——方法的解析

1. 类和对象

在深入学习类之前，作为初学者，让我们先分清类和对象的概念。类是一个抽象的概念，对象则是类的具体实例。

比如学生是一个类，张三、李四、王五都是对象；首都是一个类，北京、华盛顿、莫斯科都是对象；动画猫是一个类，Kitty、Garfield 和 Doraemon 都是对象。类是抽象的概念，对象是真实的个体。我们可以说张三(对象)的体重是 55 kg，而不能说学生(类)的体重是 55 kg；可以说北京 2008 年举办了奥运会，而不能说首都在 2008 年举办了奥运会。

一般情况下我们认为状态是描述具体对象而不是描述类的，行为是由具体对象发出的，而不是由类发出的。

现实生活中到处都是对象，一个学生、一辆汽车，一头大象，乃至一种语言、一种方法，都可以称为对象。

2. 学生类的组成部分

我们看到，学生类由学生的数据声明和方法声明组成。数据声明表现为变量；方法则表现为给定名称的、具有特定功能的一组代码。在 C#中，方法都是某个类的一部分。

当程序调用一个方法时，C#将控制流程传递给这个方法，按照流程一行一行地执行方法中的语句。方法执行完成后，控制流程返回程序调用方法的地方，继续原来的执行。

被触发的方法也称为被调方法(called method)，触发它的方法称为主调方法(calling method)。如果它们在同一个类中，则调用只需要使用方法名；如果它们不在同一个类中，则要通过其它类的对象名来触发(静态方法可以通过类名或者对象名来访问)。

图 2.2 显示了方法调用时的执行流程。

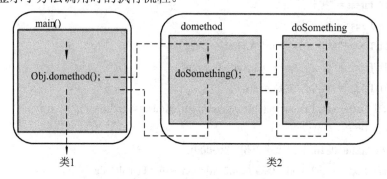

图 2.2

如图 2.2 所示，Obj 是类 2 的一个对象。在类 1 中主调方法 main 调用类 2 的方法 domethod，就需要通过 Obj 来调用；而在类 2 的 domethod 方法中，调用同样是类 2 方法的 doSomething，就可以直接用方法名调用。

我们在前面用了很多次的 main 方法。它的定义就遵循了和所有方法相同的语法：方法头包括了返回值类型，方法名称遵循 C#变量名命名规则以及方法接受的参数列表。组成方法体的语句由花括号限定。

3. return 语句

return 语句用在方法中。程序执行到 return 语句直接返回方法调用语句。

Return 语句有两种方式：无表达式的 return 语句只能用在无返回值的成员中；带表达式的 return 语句只能用在有返回值的函数成员中。

(1) 如果是 void 方法，则可以使用无表达式的 return 语句，也可以省略。无表达式的 return 语句即：return；程序执行到 return 立即返回调用语句。如果省略 return 语句，则程序执行到方法的末尾才返回。

(2) 对于有返回值的方法，return 语句后面可以是常量表达式，也可以是变量表达式，且必须和方法的返回类型是一致的，或者是可以直接隐式转换的。

4. 实例方法和静态方法

在这里，我们主要学习实例方法和静态方法。实例方法是较常见的方法，比如上个任务中，Random 类和 StringBuilder 类中的绝大部分方法就都是实例方法。实例方法必须先实例化对象，再用对象调用方法。静态方法我们也提到过，那就是 Math 类中的所有方法。静态方法使用类名调用。

实例方法的语法格式如下：

```
访问修饰符  返回类型  方法名 (参数列表)
{
        //方法的主体…
        //由 return 语句返回
}
```

示例：实现两个整型的加法。

```
class Add
{
     public int Sum(int para1, int para2)
     {
             return   para1 + para2;
     }
}
```

使用实例方法：

```
Add myAdd = new Add();          //实例化一个对象
int sum = myAdd.Sum(2, 3);       //调用方法
```

使用 static 修饰的方法称为静态方法：

```
class mySwap
{
     public static void Swap(int num1, int num2)
     {
         int temp;
         temp = num1;
         num1 = num2;
         num2 = temp;
     }
}
```

静态方法使用类名调用:

```
class Program
{
    static void Main(string[] args)
    {
        int num1 = 5, num2 = 10;
        mySwap.Swap(num1, num2);
    }
}
```

静态方法和实例方法的比较见表 2.5。

表 2.5　静态方法和实例方法的比较

静 态 方 法	实 例 方 法
static 关键字	不需要 static 关键字
使用类名调用	使用实例对象调用
可以访问静态成员	可以直接访问静态成员
不可以直接访问实例成员	可以直接访问实例成员
不能直接调用实例方法	可以直接访问实例方法和静态方法
调用前初始化	实例化对象时初始化

5. 方法的重载

让我们回想一下刚刚看过的程序片段:

```
public int Sum(int para1, int para2)
{
    return   para1 + para2;
}
```

该方法实现两个整数的相加。那如果我们想让两个 string 型或两个 double 型相加, 该怎么做? 如果我们为 string、double 再各自写一个方法, 那么我们在调用之前就要先清楚参数的类型。能不能不管参数是什么类型, 都不影响函数的调用呢? 这就要用到方法的重载。在同一个类中添加几个名字相同、参数与返回值不同的方法, 比如:

```
public   string   Sum (string para1,   string para2)
{
    return para1 + para2;
}
public   double   Sum (double para1)
{
    return para1 + para1;
}
```

我们发现, 不仅参数类型可以不同, 参数个数也可以不同。在同一个类中, 相同的函数名, 参数的类型、个数、返回值不同, 称为方法的重载。我们在调用时不必判断该使用什么方法，编译器会帮我们自动选择。

注意：仅仅是返回值不同时不允许重载方法。

2.2.4　知识点 2——域和属性

为了保存类的实例的各种数据信息，C#提供了两种方法：域和属性。域(字段)和属性都可以从界面中添加。

1. 添加域

打开类视图，右击要添加域的类，在弹出的菜单中选择"添加→添加字段"命令。选择后，Visual Studio 弹出"添加字段"对话框。在对话框中可设置字段的访问、字段类型、字段名和字段修饰符等信息，还可以设置字段的注释说明文字。设置完成后，单击"完成"，类的代码中将被 Visual Studio 添加字段的声明语句。如：

> protected int classID;

其中，字段的访问修饰符可以是以下几种：

- new
- public
- protected
- internal
- private
- static
- readonly

静态域的声明使用 static 修饰符，只读使用 readonly 修饰符，其它都是非静态域。声明成只读的字段和声明成 const 的效果是一样的。声明成只读字段的示例如下：

> public static readonly double PI=3.14159;

const 和 readonly 的区别在于：const 型表达式的值在编译时形成，而 static readonly 表达式的值直到程序运行时才形成。

2. 域(字段)的初始化

Visual Studio 为每个未经初始化的变量自动初始化为本身的默认值。对于所有引用类型的变量，默认值为 null。所有变量类型的默认值见表 2.6。

表 2.6　各种变量类型的默认值

变 量 类 型	默 认 值
char	\x0000
sbyte, byte, short, ushort, int, uint, long, ulong	0
decimal	0.0m
float	0.0f
double	0.0d
enum	0
struct	null
bool	false

如果在类中没有显式地对域进行初始化，则系统将赋予其一个默认值。域的默认初始化分为两种情况：对于静态域类，在装载时对其进行初始化；对于非静态域，在类的实例创建时进行初始化。在默认的初始化之前，域的值是不可预测的。

3. 添加属性

在类视图中，右击要添加域的类，选择"添加"→"添加属性"命令，则弹出添加属性对话框。

和字段一样，新增属性也可以设置很多信息。其中，访问器一栏表示该属性在被外部访问时，是只能读取(获取)、只能写入(设置)还是可读取加写入。以下是 Visual Studio 自动生成的代码：

```
public int ClassID
{
    get {   }
    set {   }
}
```

从代码的字面上就可以看出，get 是用来获取属性的，set 是用来设置属性的。

属性的修饰符有以下几种：

- new
- public
- protected
- internal
- private
- static
- virtual
- sealed
- override
- abstract

其中，static、virtual、override 和 abstract 这几个修饰符不能同时使用。

事实上，C#中属性的概念是作为一个接口存在的，属性真正的值是存放在私有字段中的。接口的意思就如同我们看电视时用遥控器换频道，遥控器就是一个接口。也许变换频道也可以通过打开电视机后盖，直接操作里面的电路来实现，但我们通过遥控器来操作会更加安全方便，因为遥控器控制了电视器件的可访问性，保护了内部数据的安全。

在意义上表达属性完整的代码其实比上面自动生成的代码多了一行，就是下面的第 1行，那才是真正存放数据的私有字段。

```
private int age;        //年龄
public int Age
{
    get {   return age;   }
    set
```

```
        {
            if (value > 0 && value < 150) //判断用户企图设置的数值是否合理。
            {
                age = value;
            }
            else
            {
                age = 0;
            }
        }
    }
```

设置器中通过一个判断语句来考察用户设置的数值是否合理，以保护内部数据的安全，防止被不合理地修改。所以我们建议类内部敏感字段使用属性来控制访问。

在属性的访问声明中：

① 只有 set 访问器表明属性的值只能进行设置而不能读出；

② 只有 get 访问器表明属性的值是只读的，不能改写；

③ 同时具有 set 访问器和 get 访问器表明属性的值的读/写都是允许的。

添加方法和索引器的向导对话框一目了然，这里就不一一列举了。

2.2.5　知识点 3——调试：查看对象变量的内容

在学习情景一中，我们已经学习了设置断点和查看变量的内容。现在让我们来看看如何查看对象的内容。同样，先在代码中设置断点，如图 2.3 所示。

```
label1.Text += "两个学生是同乡：";
label1.Text += stu1.istownee(stu1.Address, stu2.Address).ToString();
label1.Text += "\n";
```

图 2.3

然后访问屏幕下方的局部变量窗口，如图 2.4 所示。我们可以展开对象，查看局部变量当前的值，还可以在变量上右击编辑它的值，这为我们提供了很大的方便，因为我们可以直接在这里修改变量的值来再次执行代码。

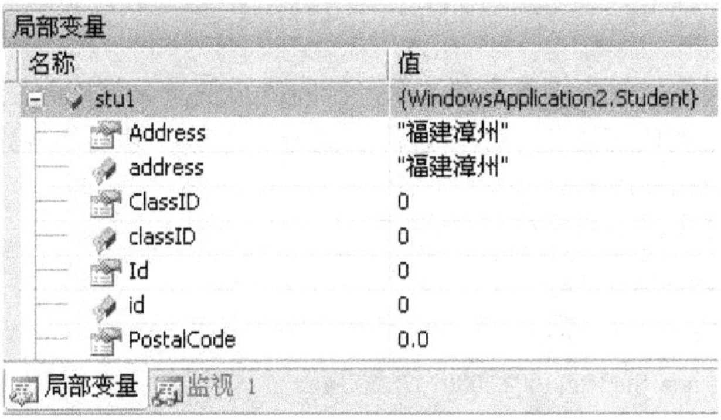

局部变量	
名称	值
☐ ✓ stu1	{WindowsApplication2.Student}
🔧 Address	"福建漳州"
🔧 address	"福建漳州"
🔧 ClassID	0
🔧 classID	0
🔧 Id	0
🔧 id	0
🔧 PostalCode	0.0
🔲 局部变量　🔲 监视 1	

图 2.4

2.3　任务三：学生类的进阶设计

2.3.1　功能描述

本任务是在任务二的基础上再作进一步的设计，主要示范重构的构造函数。其它知识点"封装"已经在上个任务的代码中体现出来，"继承"在知识点中有详细例程，请读者根据例程自行练习。重构的构造函数演示效果如图 2.5 所示。

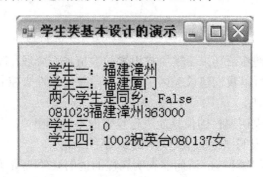

图 2.5

2.3.2　代码展示

学生类中的代码框架和上个任务相同，这里不再占用篇幅，只给出构造函数。

```
public Student()
{ }
public Student(int i, string s1, string s2, string s3)
{
        this.classID = i;
        this.studentNO = s1;
        this.studentname = s2;
        this.sex = s3;
}
```

这两个名字相同的函数是构造函数。第一个为成员变量分配内存空间，给出默认初值；第二个为新建的学生实例初始化基本信息：班级号、学号、姓名和性别。编译器会自动根据参数来选择不同的构造函数。

下面是使用不同构造函数实例化对象并显示在 label 控件上的代码：

```
label1.Text += "\n 学生三：";
Student stu3 = new Student();
Student stu4 = new Student(1002,"080137","祝英台","女");
label1.Text += stu3.ClassID + stu3.StudentName + stu3.StudentNO + stu3.Sex;
```

label1.Text += "\n 学生四：";

label1.Text += stu4.ClassID + stu4.StudentName + stu4.StudentNO + stu4.Sex;

该代码段演示：学生三(stu3)使用无参构造函数实例化，所以 ClassID 被初始化为默认值 0，其它字符串变量为空(String.Empty)；学生四(stu4)使用有参构造函数实例化，所以班级号、学号、姓名和性别的值为构造函数参数中给定的值。

2.3.3　知识点 1——构造函数和析构函数

1. 构造函数

Visual Studio 在新建类时为我们创建的代码中，有一个方法的名字和类名是一样的，这个特殊的方法称为构造方法(函数)。构造函数是对象实例化时触发的方法。如果我们没有为对象提供构造函数，则默认情况下 C#将创建一个构造函数，该构造函数实例化对象，并将所有成员变量设置为默认值。不带参数的构造函数称为"默认构造函数"。无论何时，只要使用 new 运算符实例化对象，并且不为 new 提供任何参数，就会调用默认构造函数，如：

Student scofield = new Student();

实际上，我们经常使用构造函数来初始化那些和每个对象均相关的成员变量，如：

```
public Student()
{
    public Student(string name, int age, string hobby)
    {
            this.name = name;
            this.age = age;
            this.hobby = hobby;
    }
}
Student  wu  =  new Student("吴双", 20, "运动");
```

由此看出，构造函数也是可以重载的。

构造函数在两个方面不同于常规方法：

(1) 构造函数与类同名。

(2) 构造函数没有返回值类型。这与返回值类型为 void 的函数不同。程序员常犯的一个错误就是在构造函数的前面加上 void 返回类型。在构造函数前放任何返回类型，包括 void，都将被编译器理解为一个(碰巧)和类的名称相同的常规方法。这样，它就不能作为构造函数来触发，这有时会导致难以解释的错误信息。

2. 析构函数

析构函数用于析构类的实例。程序员无法控制何时调用析构函数，因为这是由垃圾回收器决定的。垃圾回收器检查是否存在应用程序不再使用的对象。如果垃圾回收器认为某个对象符合析构，则调用析构函数(如果有)并回收用来存储此对象的内存。程序退出时也会调用析构函数。

关于析构函数，有以下几点注意事项：

(1) 一个类只能有一个析构函数。

(2) 无法继承或重载析构函数。

(3) 无法调用析构函数。它们是被自动调用的。

(4) 析构函数既没有修饰符，也没有参数。

2.3.4 知识点 2——封装(Encapsulation)

制造汽车的过程中什么人最牛？当然不是焊钢板的，也不是装轮胎的，更不是拧螺丝的，而是设计汽车的工程师，因为他知道汽车的运行原理。但是我们开车时，需要知道汽车的运行原理吗？显然不需要。汽车的运行原理已经被工程师封装在汽车内部，提供给司机的只是一个简单的使用接口，司机操纵方向盘和各种按钮就可以灵活自如地开动汽车了。

与制造汽车相似，面向对象技术把事物的状态和行为的实现细节封装在类中，形成一个可以重复使用的"零件"。类一旦被设计好，就可以像工业零件一样，被成千上万的对其内部原理毫不知情的程序员使用。类的设计者相当于汽车工程师，类的使用者相当于司机。这样程序员就可以充分利用他人已经编写好的"零件"，而将主要精力集中在自己的专注领域。

在 C#中，我们使用修饰符来完成对象的封装。修饰符是 C#的保留字，用于指定一种编程语言构造的特定特征。C#可以用不同方式使用一些修饰符，一些修饰符可以同时使用，而另一些组合是无效的。

可见性修饰符控制了对类成员的访问。如果一个成员有公有可见性(public)，则它可以直接从对象外部引用；如果一个成员有私有可见性(private)，则它可以在类定义的内部任何地方使用，但不能在外部引用。还有另外两种可见性修饰符是 protected 和 friend，它们只在继承的环境下使用，我们将在下一个知识点中对其进行讨论。

2.3.5 知识点 3——继承

类可以从其它类中继承。这是通过以下方式实现的：在声明类时，在类名称后放置一个冒号，然后在冒号后指定要从中继承的类(即基类)，例如：

```
public class A
{
    public A() { }
}
public class B : A
{
    public B() { }
}
```

上面的示例中，类 B 既是有效的 B，又是有效的 A。访问 B 对象时，可以使用强制转换操作将其转换为 A 对象。强制转换不会更改 B 对象，但 B 对象视图将限制为 A 的数据和行为。将 B 强制转换为 A 后，可以将该 A 重新强制转换为 B。并非 A 的所有实例都可强制转换为 B，只有实际上是 B 的实例的那些实例才可以强制转换为 B。如果将类 B 作为 B 类型访问，则可以同时获得类 A 和类 B 的数据和行为。

下面的示例创建三个类，这三个类构成了一个继承链。类 First 是基类，Second 是从 First 派生的，而 Third 是从 Second 派生的。这三个类都有析构函数。在 Main()中，创建了派生程度最大的类的实例。

注意：程序运行时，这三个类的析构函数将自动被调用，并且是按照从派生程度最大到派生程度最小的次序调用。

```
class First
{
    ~First()
    {
        System.Console.WriteLine("First's destructor is called");
    }
}
class Second: First
{
    ~Second()
    {
        System.Console.WriteLine("Second's destructor is called");
    }
}

class Third: Second
{
    ~Third()
    {
        System.Console.WriteLine("Third's destructor is called");
    }
}

class TestDestructors
{
    static void Main()
    {
        Third t = new Third();
    }
}
```

程序输出为：

```
Third's destructor is called
Second's destructor is called
First's destructor is called
```

2.3.6　知识点 4——调试：Step Into、Step Out、Step Over

到这里为止，我们使用的都是 Step Into 调试命令来测试程序。这个命令对应的是应用程序的单步调试，每次执行一行。虽然我们可以在程序中增加多个断点来跳过应用程序的不同部分，但 Visual Studio 为我们提供了更方便的方式。

假设我们已经创建了类的方法，在调试时，我们可以使用不同的调试命令来进入或跳过类方法。

(1) Step Into("调试"→"逐语句")。单步执行，遇到子函数就进入并且继续单步执行。

(2) Step Over("调试"→"逐过程")。在单步执行时，在函数内遇到子函数时不会进入子函数内单步执行，而是将子函数整个执行完再停止，也就是把子函数整个当作一行代码来执行。

(3) Step Out。当单步执行到子函数内时，用 Step Out 就可以执行完函数余下部分，并返回到调用函数的语句。

2.4　举 一 反 三

1. 编写一个应用程序，读入球的半径，计算它的体积和表面积并输出。公式如下：

$$体积 = \frac{4}{3}\pi r^3$$

$$表面积 = 4\pi r^2$$

2. 编写程序，创建并打印一个随机的 7 位电话号码。要求中间 3 位(3～5 位)不得大于 719。请自行考虑构造一个电话号码的最简单的方式。

3. 设计和实现一个类，类名为 Card，代表扑克牌，要求每个 Card 有花色和值。创建一个程序，发 5 张随机的牌。

4. 将任务二和任务三的学生类补充完整。根据分析添加必要的属性和方法。

学习情境三 控 制 流 程

❖ **学习技能目标**
- 能够使用 if 语句和 switch 语句进行判断
- 能够使用 while 语句和 for 语句处理循环
- 能够使用跳转语句增加循环的灵活性
- 学会用程序完成繁琐的工作

❖ **学习成果目标**
- 编码量达 160 行

❖ **学习专业词汇**
　if：判断
　array：数组
　bubble sort：冒泡排序

3.1　任务一：选择控制流程

3.1.1　功能描述

判断某年某月的天数：本程序从控制台接受用户输入的年份和月份，判断该年该月的天数并输出。该判断包括大小月的判断和闰年的判断。

通过该任务，我们应学会：

选择语句的实现。选择语句包括 if 语句和 switch 语句两种，它们能够根据实际情况选择要执行的代码。

使用嵌套的 if 语句和 switch 语句。

3.1.2　代码展示

```
1   using System;
2   namespace ConsoleApplication5
3   {
4       class Program
5       {
6           static void Main(string[] args)
7           {
```

```
8          int year, month, day=0;
9          Console.WriteLine("***请输入年份，回车确认***");
10          year = Int32.Parse(Console.ReadLine());
11          Console.WriteLine("***请输入月份，回车确认***");
12          month = Int32.Parse(Console.ReadLine());
13          if(year<0||year>10000)
14              Console.WriteLine("***您输入的年份不合理!!***");
15          else if (month <= 0 || month > 12)
16              Console.WriteLine("***您输入的月份不合理!!***");
17            else
18            {
19            switch (month)
20              {
21                case 1:
22                case 3:
23                case 5:
24                case 7:
25                case 8:
26                case 10:
27                case 12: day = 31; break;
28                case 4:
29                case 6:
30                case 9:
31                case 11: day = 30; break;
32                case 2:
33                if ((year%400= =0)||((year%4= =0)&&(year%100!=0)))
34                    day = 28;
35                else
36                  day = 29;
37                break;
38              }
39            Console.WriteLine("***该月份的天数为 {0} 天***", day);
40            }
41          Console.ReadKey();
42          }
43        }
44    }
```

代码分析：

9～12　从控制台请求用户输入年份和月份，并保存在整型变量 year 和 month 中。

14～16 判断用户输入的年月值是否合理，若不合理，给出提示信息。

17   这个 else 语句是嵌套的 if 语句的最后一个情况，也就是当年月的值都合理时，才能执行到这个 else 所带的语句块。

20～38 这是一个多分支的 switch 语句，通过判断 month 的值来确定该月是大月还是小月，大月是 31 天，小月是 30 天。2 月是个特殊情况，需要判断是否闰年来决定是 28 还是 29 天。将判断得到的天数存放到变量 day 中。

39   输出变量 day 的值。

41   该行用于让程序停住，等待用户输入任意键继续。也就是我们前面讲到过的，便于查看程序运行结果。

3.1.3 知识点 1——if 语句

条件选择语句用来判断所给定的条件是否满足，根据判断结果真(true)或假(false)，决定执行一种选择。一般说来，判断条件以关系表达式或逻辑表达式的形式出现。

条件选择根据选择结构主要分成单分支选择、双分支选择和嵌套选择。

单分支结构的语法如下：

    if(表达式)

        语句块一；

    语句块二；

该结构先判断表达式的值，若表达式值为真，则执行语句块一；否则跳过语句块一，执行语句块二。程序流程图如下：

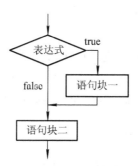

在该结构中，语句块二是 if 单分支结构的后续语句，实际上无论表达式判断结构如何，语句块二都会被执行。

双分支结构的语法如下：

    if(表达式)

      语句块一；

    else

      语句块二；

该结构先判断表达式的值，若表达式值为真true，则执行语句块一；否则(表达式的值为假 false)执行语句块二。程序流程图如下：

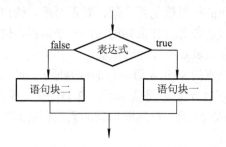

在这种结构中，语句一和语句二只有一段会被执行到，不可能都被执行。

3.1.4　知识点 2——嵌套的 if 语句

作为 if 语句执行结果的语句可以是另外一个 if 语句。也就是说，上文中的"语句块一"、"语句块二"本身又可以是另一个 if 语句。这种情况称为嵌套的 if 语句。嵌套的 if 语句用来处理复杂的判断条件。

例如，以下代码段用来根据货品数量和规格修改库存。

```
1   if( number > 0 )
2       if( size == 7 )
3           size7Num += number;   //size7Num 表示规格为 7 的货品的库存值
4       else                            //otherNum 表示其它规格的货品的库存值
5           otherNum += number;
6   else
7       Console.WriteLine("已无库存！");
```

第 1 行和第 6 行是一对 if 语句。

第 2 行到第 5 行又是一对 if 语句，它们是第 1 行的 if 语句所嵌套的。当库存数量 number 大于 0 时，需要再判断规格 size 是否等于 7，再作不同处理。

当程序逻辑中出现类似于此的复杂判断时，就需要根据实际情况进行嵌套。

3.1.5　知识点 3——switch 语句

switch 语句是一种多分支语句。在嵌套使用 if 语句时，所有 if 语句看起来都非常相似，因为它们都在对一个完全相同的表达式进行求值。当每个 if 语句都将表达式的结果与一个不同的值进行比较时，通常可将嵌套的 if 语句改写为一个 switch 语句，这样会使程序更有效，更易懂。例如：

```
        if (day == 0)
          dayName = "Sunday";
        else if (day == 1)
            dayName = "Monday";
          else if (day == 2)
              dayName = "Tuesday";
            else if (day == 3)
```

```
                ...
                else
                    dayName = "Unknown";
```

以上代码块中，判断条件都很类似：day＝＝0、day＝＝1、day＝＝2、day＝＝3等，可以将其改写成以下代码：

```
        switch(day)
        {
            case 0：dayName = "Sunday"；break；
            case 1：dayName = "Monday"；break；
            case 2：dayName = "Tuesday"；break；
            case 3：dayName = "Tuesday"；break；
            …
            default ：dayName = "Unknown"；break；
        }
```

显然，switch 语句在处理这类问题时更为方便。

switch 语句的语法形式如下：

```
        switch(表达式)
        {
            case 常量表达式 1：语句；break；
            case 常量表达式 2：语句；break；
            case 常量表达式 3：语句；break；
            …
            case  常量表达式 n：语句；break；
            default：语句；break；
        }
```

其语义为：计算表达式的值，从表达式值等于某常量表达式值的 case 开始，它下方的所有语句都会一直运行，直到遇到一个 break 为止。随后，switch 语句将结束，忽略其它 case，程序从 switch 结束大括号之后的第一个语句继续执行。

使用 switch 语句的注意事项：

(1) case 标签和后续语句之间用冒号"："隔开。

(2) 在 C#中，各个 case 语句和 default 语句的次序可以打乱，并不影响执行结果。

(3) 只能针对基本数据类型使用 switch，这些类型包括 int 和 string 等。对于其它类型，则必须使用 if 语句。

(4) case 标签必须是常量表达式，如 42 或者"42"。如果需要在运行时计算 case 标签的值，则必须使用 if 语句。

(5) case 标签必须是唯一性的表达式。也就是说，不允许两个 case 具有相同的值。

(6) 可以连续写下一系列 case 标签(中间不能间插额外的语句)，从而指定自己希望在多种情况下都运行相同的语句。如果像这样写，那么最后一个 case 标签之后的代码将适用于该系列的所有 case。

(7) 对于有关联语句的 case 标签，语句结束后必须有 break 语句，否则编译器会报错。错误说明通常为"控制不能从一个 case 标签（"case…:"）贯穿到另一个 case 标签"，如图 3.1 所示。

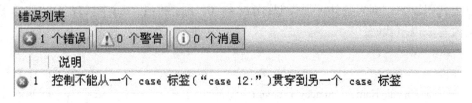

图 3.1

3.2　任务二：while 循环语句的应用

3.2.1　功能描述

名片夹：本例实现一个控制台名片夹，该程序运行时在用户屏幕上显示一列可供选择的选项，用户通过键盘输入选择不同的字符以选择进入对应的子功能。除此之外，该程序还用循环语句实现用户的重复选择。

通过本任务，我们应当掌握：

循环语句 while、do-while 的使用。循环语句允许多次重复执行一行或一段代码。

跳转语句 break、continue、goto、return 的使用。跳转语句允许在程序中进行跳转，增加程序的灵活性。

3.2.2　代码展示

```
1  using System;
2  namespace ConsoleApplication6
3  {
4    class Program
5    {
6      static void Main(string[] args)
7      {
8        string myChoice;
9        do{
10            Console.WriteLine("My Address Book\n");
11            Console.WriteLine("A--Add New Address");
12            Console.WriteLine("D--Delete Address");
13            Console.WriteLine("M--Modify Address");
14            Console.WriteLine("V--View Addresses");
15            Console.WriteLine("Q--Quit\n");
```

```
16              Console.WriteLine("Choice(A,D,M,V,orQ):");
17              myChoice=Console.ReadLine();
18              switch(myChoice)
19                {
20                  case"A":
21                  case"a":
22                      Console.WriteLine("You wish to add an address.");
23                      //此处可以加入"添加地址"的代码方法函数
24                      break;
25                  case"D":
26                  case"d":
27                      Console.WriteLine("You wish to delete an address.")
28                      //此处可以加入"删除地址"的代码方法函数
29                      break;
30                  case"M":
31                  case"m":
32                      Console.WriteLine("You wish to modify an address.");
33                      //此处可以加入"修改地址"的代码方法函数
34                      break;
35                  case"V":
36                  case"v":
37                      Console.WriteLine("You wish to view the address list.");
38                      //此处可以加入"查看地址列表"的代码方法函数
39                      break;
40                  case"Q":
41                  case"q":
42                      Console.WriteLine("Bye."); break;
43                  default:
44                      Console.WriteLine("{0} is not a valid choice", myChoice);
45                      break;
46                }
47              Console.Write("Press any key to continue...");
48              Console.ReadLine();
49          }while(myChoice!="Q"&&myChoice!="q");
50        }
51      }
52  }
```

代码分析：

8   定义一个字符串类型的变量 myChoice，用于保存用户输入的选项。

9	do-while 语句的开始，到 45 行是循环体。表示只要 45 行的 while 语句所带的表达式为真，就始终执行循环体。
10～16	打印可选项
17	保存用户的选项。将用户选择的选项保存在变量 myChoice 中。
20～42	根据用户输入的选项，选择不同的 case 语句来执行不同选项对应的代码块。可以将代码块写成方法放在另一个类中。
43～46	对用户的非法输入进行处理。
48	退出前停留在用户屏幕，以便用户查看运行结果。
49	若用户没有退出，则继续请求输入。程序将回到第 10 行再次执行。

3.2.3　知识点 1——while 语句

while 语句可以在一个布尔表达式为 true 的前提下重复运行一个语句块。其语法如下：

　　while(布尔表达式)

　　　　语句块；

while 语句先判断布尔表达式的值，若表达式的值为真，则执行循环体语句。执行完循环体语句后回到表达式继续判断，直到表达式的值为假(false)，跳过循环体，结束 while 循环。流程图如下：

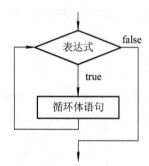

例如，以下代码计算 x 的阶乘，将结果保存在变量 y 中：

　　y=1；

　　while(x!=0)

　　{

　　　　y*=x；

　　　　x--；

　　}

3.2.4　知识点 2——do-while 语句

do-while 语句与 while 语句不同的是，它将内嵌语句执行至少一次。其语法如下：

　　do

　　{

　　　　语句块；

　　}

while(布尔表达式);

do-while 语句先执行内嵌语句块一遍，然后计算布尔表达式的值，若为真(true)则回到 do 继续执行，为 false 则终止 do 循环。语句流程图如下：

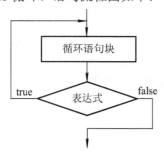

例如，计算 x 的阶乘，写成 do-while 循环如下：

```
long y=1;
do
{
    y*=x;
    x- -;
}
while(x>0)
```

3.2.5　知识点 3——跳转语句：break、continue、goto

及时有效的跳转有助于提升程序的执行效率。

1. break

break 语句用于终止最近的封闭循环或它所在的 switch 语句，控制传递给终止语句后面的语句(如果有的话)。

(1) break 语句只能用在 switch 语句或循环语句中，其作用是跳出 switch 语句或跳出本层循环，转去执行后面的程序。由于 break 语句的转移方向是明确的，所以不需要语句标号与之配合。

(2) break 语句的一般形式如下：

```
break;
```

(3) 使用 break 语句可以使循环语句有多个出口，在一些场合下使编程更加灵活、方便。例如：

```
for (i = 1; i <= 5; i++)
{
    if (i = = 3)
        break;
    Console.Write(i);
}
```

当 i 等于 3 时，控制跳出 for 循环中 break 后面的语句，所以，该语句段的执行结果为：

12

2. continue

continue 语句将控制权传递给它所在的封闭迭代语句的下一次迭代。

(1) continue 语句只能用在循环体中，其一般格式如下：

    continue;

其语义是：结束本次循环，即不再执行循环体中 continue 语句之后的语句，转入下一次循环条件的判断与执行。

(2) 语句只结束本层本次的循环，并不跳出循环。例如：

```
for (i = 1; i <= 5; i++)
{
    if (i = = 3)
        continue;
    Console.Write(i);
}
```

当 i 等于 3 时，控制跳过 for 循环中 continue 后面的语句，所以，该语句段的执行结果为：

1245

3. goto

goto 语句将程序控制直接传递给标记语句。

(1) goto 的一个通常用法是将控制传递给特定的 switch-case 标签或 switch 语句中的默认标签。其一般格式如下：

    goto　语句标号;

其中语句标号是按标识符规定书写的符号，放在某一语句行的前面，标号后加冒号(：)。语句标号起标识语句的作用，与 goto 语句配合使用，如：

```
label:   i++;
loop:    while(x<7);
```

(2) goto 语句还用于跳出深嵌套循环。

C#语言不限制程序中使用标号的次数，但规定各标号不得重名。goto 语句的语义是改变程序流向，转去执行语句标号所标识的语句。

goto 语句通常与条件语句配合使用。可用来实现条件转移，构成循环、跳出循环体等功能。但是，在结构化程序设计中一般不主张使用 goto 语句，以免造成程序流程的混乱，给理解和调试程序带来困难。

3.3 任务三：for 循环的基本应用及嵌套

3.3.1 功能描述

在 1.5 节中，我们曾要求读者通过控制台，用最基本的输出语句输出一个由 "*" 组成的菱形。那么，如果要求读者输出一个有 50 行的大菱形，是否也要一行一行地输出呢？本任务就解决了这个问题。

用"*"输出各种大小的菱形：本任务通过两个嵌套的 for 循环，在用户屏幕上输出一个由"*"号和空格组成的菱形，菱形大小由定义的符号常量控制。

通过本任务，我们应学会：

for 循环的简单应用；

使用嵌套的 for 循环处理复杂的情况。

3.3.2 代码展示

```
1   using System;
2   namespace Diamond
3   {
4     class Program
5     {
6       static void Main(string[] args)
7       {
8           const int MAX_ROWS =8;
9           int row,star;

10            for (row = 1; row <= MAX_ROWS; row++)
11            {
12                for(int i=0;i<=(MAX_ROWS-row);i++)
13                    Console.Write (" ");
14                for (star = 1; star <= row; star++)
15                    Console.Write ("* ");
16                Console.WriteLine();
17            }

18            for (row = MAX_ROWS-1; row >= 1; row--)
19            {
20                for(int i=0;i<=(MAX_ROWS-row);i++)
21                    Console.Write (" ");
22                for (star = 1; star <= row; star++)
23                    Console.Write ("* ");
24                Console.WriteLine();
25            }
26          Console.Read();
27       }
28     }
```

29　}

　　代码分析：

8　　　　　定义符号常量 MAX_ROWS，用来控制菱形的大小。这里 MAX_ROWS 的值
　　　　　　为 8，表示菱形的上三角有 8 行。如果需要改变菱形的大小，只需修改
　　　　　　MAX-ROWS 的值即可

10～17　设计菱形的上三角。外层 for 循环每循环一次，完成菱形的一行的绘制。

12～13　该循环控制每行的空格数。越靠上的行空格越多。

14～15　该循环控制每行"*"的数量。本例中输出的菱形上三角中，第 n 行的星号数
　　　　　　量为 n 个。故为了对齐，输出星号时实际上输出的是星号和空格（"* "）。

　　注意：不输出空格也可以输出完整的菱形，请读者自行完成。

16　　　　　换行输出。

18～25　输出下三角。算法和上三角一样，只是个数控制上有所区别。

3.3.3　知识点 1——for 语句

　　for 语句的一般形式为：
　　　　for(式 1;式 2;式 3)

　　for 语句的语义为：

（1）计算表达式 1 的值。

（2）计算表达式 2 的值，若值为真(非 0)则执行循环体一次，否则跳出循环。

（3）计算表达式 3 的值，转回第(2)步重复执行。

　　注意：在整个 for 循环过程中，表达式 1 只计算一次，表达式 2 和表达式 3 则可能计算
多次。循环体可能多次执行，也可能一次都不执行。

　　for 语句流程图如下：

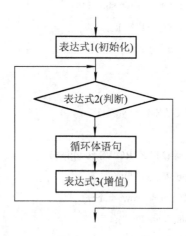

3.3.4　知识点 2——嵌套的循环

　　循环体里面也可以有循环，这就是所谓的循环嵌套。内部循环在外部循环体中。在外
部循环的每次执行过程中都会触发内部循环，直到内部循环执行结束。外部循环执行了多
少次，内部循环就完成多少次。当然，无论是内部循环还是外部循环的 break 语句，都会打

断处理过程。循环嵌套可以解决很多问题，经常被用于按行列方式输出数据。例如，以下程序段用于输出九九乘法表：

```
int i, j;
for(i = 1; i <= 9 ; ++i)              //外循环控制输出多少行
 {
     for (j = 1; j <= i; ++j)         //内循环控制输出多少列
     {
         Console.Write("{0}", i * j);  //输出乘积
     }
     Console.WriteLine();             //换行
 }
```

3.4 任务四：for 循环在数组上的应用

3.4.1 功能描述

冒泡排序算法：该任务为冒泡排序算法，通过嵌套的 for 循环实现。该算法通过两两比较，每次循环都将最小的数"冒"到顶端。若共有 n 个数，则通过 n−1 次循环即可完成递增排序。

3.4.2 代码展示

```
1    using System;
2    namespace ConsoleApplication1
3    {
4        class Program
5        {
6            static void Main(string[] args)
7            {
8                int[] Array ={ 3,27,1,99,36,52,1,77,9,7};
9                for (int i = 0; i < Array.Length; i++)
10               {
11                   for (int j = i+1; j < Array.Length; j++)
12                   {
13                       if (Array[i] > Array[j])
14                       {
15                           int temp=Array[i];
16                           Array[i]=Array[j];
17                           Array[j] = temp;
18                       }
```

```
19                    }
20                }
21            foreach (int k    in Array)
22            {
23                    Console.WriteLine(k);
24            }
25            Console.Read();
26        }
27    }
28 }
```

代码分析：

8　　　　定义并初始化一个 10 个元素的一维整型数组。

9~20　　外重 for 循环，从数组的第一个元素循环到最后一个。

11~19　　内嵌的 for 循环，从外重 for 循环当前所在的数组元素循环到数组的最后一个元素。

外重循环第一次时，将数组的第一个元素与其它元素比较大小，若第一个元素比后面的元素大，则交换它们的位置。这样一次循环下来，最小的元素就"浮"到第一个上面了。以此类推，第 n 次外重循环就将剩下元素的最小值"浮"到第 n 个位置上。

21~24　　用一个 foreach 循环输出排序后的数组元素。

3.4.3　知识点 1——C#的数组

数组是具有相同数据类型的项的有序集合。要访问数组中的某个项，需要同时使用数组名称及该项与数组起点之间的偏移量。

1. 一维数组

一维数组以线性方式存储固定数目的项，只需一个索引值即可标识任意一个项。在 C# 中，数组声明中的方括号必须跟在数据类型后面，且不能放在变量名称之后，而这在许多其它语言中是允许的。例如，整型数组应使用以下语法声明：

```
int[] arr1;
```

下面的声明在 C#中无效：

```
int arr2[];
```

声明数组后，可以使用 new 关键字设置其大小。下面的代码声明数组引用：

```
int[] arr;
arr = new int[5];     //声明一个 5 元素整型数组
```

然后，可以使用"数组名[索引值]"访问一维数组中的元素。C# 数组索引是从 0 开始的。也就是说，第一个元素是"数组名[0]"。下面的代码访问上面数组中的最后一个元素：

```
Console.WriteLine(arr[4]);   //输出第 5 个元素
```

2. 一维数组的初始化

C# 数组元素可以在创建时进行初始化：

```
int[] arr2;
arr2 = new int[5] {1, 2, 3, 4, 5};
```

初始值设定项的数目必须与数组大小完全匹配。可以使用此功能在同一行中声明并初始化C#数组：

```
int[] arr1Line = {1, 2, 3, 4, 5};
```

此语法创建一个数组，其大小等于初始值设定项的数目。

在 C# 中初始化数组的另一个方法是使用 for 循环。下面的循环将数组的每个元素都设置为 0：

```
for (int i=0; i<TaxRates.Length; i++)
{
    arr2[i] = 0;
}
```

3. 多维数组

可以使用 C#创建规则的多维数组(数组的数组)，多维数组类似于同类型值的矩阵。使用以下语法声明多维矩形数组：

```
int[,] arr2D;       //二维数组
float[,,,] arr4D;   //四维数组
```

声明之后，可以按如下方式为数组分配内存：

```
arr2D = new int[8,6];    //声明一个 8 行 6 列的二维数组
```

然后，可以使用以下语法访问数组的元素：

```
arr2D[4,2] = 906;
```

由于数组是从零开始的，因此此行将第 5 行第 3 列中的元素设置为 906。

4. 二维数组初始化

可以使用以下几种方法之一在同一个语句中创建、设置并初始化多维数组：

```
int[,] arr4 = new int [2,3] { {1,2,3}, {4,5,6} };
int[,] arr5 = new int [,] { {1,2,3}, {4,5,6} };
int[,] arr6 = { {1,2,3}, {4,5,6} };
```

3.4.4 知识点 2——foreach 语句

foreach 语句是在 C#中新引入的，C 和 C++中没有这个语句，它表示收集一个集合中的各个元素，并针对各个元素执行内嵌语句。foreach 语句的格式为：

```
foreach(type identifier in   collection)
            { ... }
```

其中，类型(type)和标识符(identifier)用来声明循环变量，集合名称(collection)也可以是数组或者简单地是一个字符串。

foreach 每执行一次内嵌语句，循环变量就依次取 collection 中的一个元素代入其中。在这里，循环变量是一个只读型局部变量，试图改变它的值将引发编译时的错误。

回想一下，假设 Array 是一个一维数组的名称，则将 Array 遍历一遍的 for 语句代码是：

```
        for (int i = 0; i < Array.Length; i++)
        {
            Console.WriteLine(Array[i]);
        }
```

如果用 foreach 语句呢？foreach 语句让我们跳过循环初始化，不必指定索引，只需知道集合的类型即可。例如 Array 是一个浮点型 float 的数组，则遍历代码如下：

```
        foreach (float  k  in  Array)
        {
            Console.WriteLine (k);
        }
```

在 foreach 语句中，对于一维数组，执行顺序从下标为 0 的元素开始，一直到数组的最后一个元素；对于多维数组，元素下标的递增是从最右边那一维开始的；依次类推。

3.4.5　知识点 3——调试：监视窗口

在学习情境一的调试部分，我们学习了"局部变量窗口"，它列出了当前执行的方法的所有变量。如果有很多变量，则这个变量列表将会很长，这给我们查找某个特定变量造成不便。

"监视窗口"为我们观察特定变量提供了便利。

在程序暂停后，在局部变量窗口中右击变量名选择"添加监视"，将变量加入到"监视窗口"中。在"监视窗口"中，我们可以像在"局部变量窗口"中一样进行修改。也就是说，除了可以选择特定的变量来观察外，"监视窗口"和"局部变量窗口"是一样的。

要从"监视窗口"中移除一个变量，可以右击变量所在行的任何地方，选择"删除监视"。要删除所有变量，可以右击窗口，选择"全选"，然后再右击，选择"删除监视"或按 Delete 键。

3.5　举 一 反 三

1. 某百货公司为了促销，采用以下购物打折的办法。
   a. 消费金额 1000 元(含)以上者，按九五折优惠；
   b. 消费金额 2000 元(含)以上者，按九折优惠；
   c. 消费金额 3000 元(含)以上者，按八五折优惠；
   d. 消费金额 5000 元(含)以上者，按八折优惠。
   (1) 编写程序，输入购物款数，计算并输出优惠后的价格。(要求用 switch 语句编写。)
   (2) 将该程序写成可连续输入多个款额的形式。即：可以多次获取用户的数据，输出对应的值，无需重启程序。
2. 编写一个应用程序，要求从控制台输入两个整数，求两个数的最小公倍数并输出。
3. 定义一个一维数组，循环从控制台读取数据给数组元素。输出数组的最大值。
4. 将一张一百元的钞票换成一元、二元、五元的零钱，要正好换 50 张。编程计算总共有几种换法。要求输出每一种换法的详情及换法总数。

第二部分 项目实践

项目一 我的 SDI 记事本

❖ 项目需求
  ■ "我的 SDI 记事本"的窗体设计及功能实现
  ■ 欢迎窗体
  ■ 主窗体：文件菜单(新建、打开、保存、另存为、退出)，编辑菜单(撤销、恢复、复制、粘贴、剪切、删除、全选)，查看菜单(工具栏)，帮助菜单(关于)
  ■ 编辑窗体(SDI 窗口)
  ■ 状态栏(鼠标坐标显示，系统时间显示)
❖ 项目技能目标
  ■ 理解窗体类的属性和方法的作用
  ■ 能够使用基本控件设计窗体界面
  ■ 能够编写简单的事件处理程序
  ■ 能够使用简单的文件流进行文件处理
  ■ 会使用 SDI 单文档窗体设计
❖ 项目成果目标
  ■ 编码量达 450 行
❖ 项目专业词汇
  dock：停靠
  anchor：锚定
  spring：自动填充可用空间

I.1 任务一："我的 SDI 记事本"主窗体设计

I.1.1 功能描述

在本例中将通过使用工具箱中菜单、对话框等控件，实现"我的 SDI 记事本"的窗体设计，如图 I.1 所示。

图 I.1

I.1.2　设计步骤及要点解析

(1) 打开 Microsoft Visual Studio 2005，单击"创建：项目"，项目类型选择 Visual C#，模板选择 Windows 应用程序，项目名称输入 MyNotepad，位置根据自己需要选择设定，单击"确定"按钮。

(2) 单击 Form1，在资源管理器中将 Form1.cs 改为 NotepadForm.cs，在属性窗口中修改 Text 属性为"我的 SDI 记事本"，StartPosition 属性为 CenterScreen。

(3) 在工具箱中将 MenuStrip 控件拖放到该窗体，在属性窗口中修改 Name 属性为 msNotepad，之后输入各级菜单，并且修改各自的 Name 和 Text 属性，如表 I.1 所示。

表 I.1　各级菜单详情

顶级菜单	Name 属性	Text 属性	子菜单	Name 属性	Text 属性	Checked 属性
文件	tsmiFile	文件	新建	tsmiNew	新建	
			打开	tsmiOpen	打开	
			保存	tsmiSave	保存	
			另存为	tsmiSaveAs	另存为	
			—			
			退出	tsmiExit	退出	
编辑	tsmiEdit	编辑	撤销	tsmiUndo	撤销	
			—		—	
			剪切	tsmiCut	剪切	
			复制	tsmiCopy	复制	
			粘贴	tsmiPaste	粘贴	
			—		—	
			删除	tsmiDel	删除	
			全选	tsmiSelectAll	全选	
格式	tsmiFormat	格式	自动换行	tsmiWordWrap	自动换行	
			字体	tsmiFont	字体	
查看	tsmiCheck	查看	状态栏	tsmiStatusBar	状态栏	true
帮助	tsmiHelp	帮助	关于…	tsmiAbout	关于…	

(4) 添加 statusStrip 控件,在属性窗口中修改 Name 属性为 ssNotPad,三次单击 statusStrip 控件左端出现的下拉式箭头,均选择 StatusLabel,将出现 toolStripStatusLabel1,在属性窗口中将三个 toolStripStatusLabel1 的 Name 属性分别修改为 slblXY、slblSpring 和 slblTime,其中将 slblSpring 的 Spring 属性修改为 true。

(5) 添加 TextBox 控件,在属性窗口中修改 Name 属性为 txtEdit,Dock 属性为 Fill,Text 属性为空。

要点解析:

步骤(2)　窗体的 StartPosition 属性设置为 CenterScreen,其目的是使得窗体运行后能显示在屏幕的中间位置。

步骤(3)　各控件的命名是根据.net 2005 控件命名规范命名的,如表 I.2 所示。

表 I.2　控 件 的 命 名

控 件 类 型	缩　写	范　例
MenuStrip	ms	msNotepad
ToolStripMenuItem	tsmi	tsmiFile
StatusStrip	ss	ssNotPad
StatusLable	slbl	slblXY

步骤(4)　statusStrip 控件 toolStripStatusLabel 的 Spring 属性决定 ToolStripStatusLabel 控件是否自动填充 StatusStrip 控件中的可用空间。

步骤(5)　Dock 属性为 Fill,其目的是使得程序运行后文本框控件 TextBox 能充满窗体 Form 的菜单栏和状态栏余下的部分。

I.1.3　知识库

1. 窗体(Form)控件

窗体是应用程序的基本单元,可以是标准窗口、多文档界面窗口或者对话框等。Form 控件的常见属性如表 I.3 所示。

表 I.3　Form 控件的常见属性

属　性	说　明
Name	控件名称
Text	标题
FormBorderStyle	设置窗体的外观和行为
AutoScroll	当控件的内容大于窗体的范围时,是否自动显示滚动条
IsMdiContainer	确定该控件是否是 MDI 容器
MaximizeBox	是否在窗体上显示最大化按钮
MinimizeBox	是否在窗体上显示最小化按钮
Icon	窗体图标
showInTaskbar	窗体是否显示在 Windows 任务栏中
AcceptButton	设置某个按钮当按下 Enter 键时等于单击了这个按钮
CancelButton	设置某个按钮当按下 Esc 键时等于单击了这个按钮

2. 文本框(TextBox)控件

TextBox 控件是工具箱中最常用的控件之一。其主要作用是允许用户在应用程序中输入或编辑文本，其常见属性如表 I.4 所示。可以将控件的只读属性设为 true，用作显示文本，而不允许用户编辑文本框中所显示的内容。在 TextBox 中编辑的文本可以是单行的；也可以是多行的，还可以设置为密码字符屏蔽状态作为密码输入框。

表 I.4　TextBox 控件的常见属性

属　性	说　明
Name	控件名称
Text	按钮标题
Font	可改变控件字体的格式样式
ForeColor	可改变控件的字体颜色
Multiline	是否能跨越多行
PasswordChar	用于输入密码时显示的字符
WordWrap	是否自动换行
ScrollBars	在多行文本编辑时显示哪些滚动条
BroderStyle	控件是否带有边框
BackColor	设置背景色

3. 主菜单(MenuStrip)控件

MenuStrip 控件主要用于生成所在窗体的主菜单。在设计窗体中添加该控件后，会在窗体上显示一个菜单栏，可以直接在此菜单栏上编辑各主菜单项及对应的子菜单项，也可以通过鼠标右键单击对应的菜单项修改项的类型。当菜单的结构建立起后，再为每个菜单项编写事件代码，即可完成窗体的菜单设计。

编辑各菜单项内容时，可以用符号"&"指定该菜单项的组合键，让其后的字母带下划线显示，如编辑菜单项"E&xit"，则会显示为"Exit"，意思是可以直接用"Alt + X"组合键实现与单击该菜单项相同的功能；用符号"-"可以在菜单中显示各项之间的分隔条。该控件的常见属性如表 I.5 所示。

表 I.5　MenuStrip 控件的常见属性

属　性	说　明
Name	控件名称
Items	控件上所有的子项的集合
Text	标题
ContexMenuStrip	右击控件时显示快捷菜单
BackColor	设置背景色
Font	可改变控件字体的格式样式
Enabled	控件可用不可用
Visible	是否显示控件

MenuStrip 控件的常见事件有以下几种：

Click 事件：单击菜单项时触发的操作。

DropDownClosed 事件：关闭菜单项的子菜单时触发的操作。

DropDownItemClicked 事件：单击菜单项的子菜单中任何一项时触发的操作。

DropDownOpened 事件：菜单项的子菜单打开之后触发的操作。

DropDownOpening 事件：打开菜单项的子菜单时触发的操作。

4. 状态栏(statusStrip)控件

statusStrip 控件可以在窗体底部使用有框架的区域显示正在操作当前 Windows 窗体的用户的相关信息或当前系统的一些信息。该控件的常见属性如表 I.6 所示。

表 I.6　statusStrip 控件的常见属性

属　性	说　明
BackgroundImage	用于控件背景图像
Items	控件上所有子项的集合
Text	标题
ContexMenuStrip	右击控件时显示快捷菜单
Anchor	定义控件在窗体改变大小时，根据设置控件绑定到窗体边缘
Dock	定义要绑定到容器的控件边框

I.2　任务二："我的 SDI 记事本"功能实现

I.2.1　功能描述

用代码实现"我的 SDI 记事本"主窗体的主要功能。

I.2.2　设计步骤及要点解析

(1) 导入名称空间。

```
1  using   System.IO;
```

(2) 双击"新建"菜单项，进入"新建"菜单的单击事件。

```
2  private void tsmiNew _ Click(object sender, EventArgs e)
3  {
4      if (txtEdit.Modified && txtEdit.Text != "")
5      {
6          DialogResult result = MessageBox.Show("文件" + Text + "内容已经改变。\n\n 您是否要保存文件？", "记事本", MessageBoxButtons.YesNoCancel, MessageBoxIcon.Question);
7          if (string.Equals(result, DialogResult.Yes))
8          {
```

```
9            SaveFileDialog save = new SaveFileDialog();
10           save.Filter = "文本文件|*.text;*.txt";
11           if (save.ShowDialog() = = DialogResult.OK)
12           {
13               SaveInfo(save.FileName);
14               txtEdit.Text = "";
15               this.Text = "无标题-记事本";
16           }
17        }
18    else if (string.Equals(result, DialogResult.Cancel))
19    {
20    }
21    else if (string.Equals(result, DialogResult.No))
22    {
23        txtEdit.Text = "";
24        this.Text = "无标题-记事本";
25    }
26    }
27 }
```

代码分析：

4　　如果当前记事本编辑窗口内容有改动并且编辑窗口不为空，则提示用户是否保存。

7　　单击弹出判断文本框，单击确认后才执行代码。

9　　创建保存对话框对象。

10　设置保存的格式。

11　打开保存对话框，并判断是否按下确定保存的按钮。

13　调用自定义的保存方法，保存指定文件名和路径的文件。

14　清空编辑框。

15　设定当前记事本的标题栏信息为"无标题-记事本"。

18　当用户按下取消按钮后不做任何操作。

21　判断用户是否按下不保存按钮。

（3）自定义打开的方法。

```
28 private string savePath = "";
29 public void LoadInfo(string path)
30 {
31     string filePath = path;
32     savePath = filePath;
33     StreamReader fm = new StreamReader(filePath, System.Text.Encoding.Default);
34     this.Text = Path.GetFileName(filePath);
35     txtEdit.Text = fm.ReadToEnd();
```

```
36        fm.Close();
37    }
```

代码分析：

28 自定义全局变量，获取保存文件的路径。

29 自定义返回值为空的载入文件的方法，方法名为 LoadInfo。有形式参数一个，用于获取文本文件的路径。

33 创建读文本流对象，此时若导入第 1 行名称空间则无法创建。

34 设定当前记事本标题栏显示所打开文件的文件名。

35 读取文件流数据到记事本编辑框中。

36 释放文件流。

(4) 双击"打开"菜单项，进入"打开"菜单项的单击事件。

```
38    private void tsmiOpen _Click(object sender, EventArgs e)
39    {
40        OpenFileDialog open = new OpenFileDialog();
41        open.Filter = "文本文件|*.text;*.txt";
42        if (open.ShowDialog() = = DialogResult.OK)
43        {
44            LoadInfo(open.FileName);
45        }
46    }
```

代码分析：

40 创建打开文件对话框对象。

41 设置打开文件的格式。

42 打开文件对话框并判断是否按下确定键。

44 调用自定义的载入文件方法 LoadInfo，打开对话框中选定的文件内容。

(5) 自定义保存的方法。

```
47    public void SaveInfo(string pat)
48    {
49        string filePath = Path.GetFullPath(pat);
50        savePath = filePath;
51        StreamWriter sw = new StreamWriter(filePath, false, Encoding.Default);
52        this.Text = Path.GetFileName(filePath);
53        sw.Write(txtEdit.Text);
54        sw.Close();
55    }
56    public void Save2Info()
57    {
58        StreamWriter sw = new StreamWriter(savePath, false, Encoding.Default);
59        sw.Write(txtEdit.Text);
```

```
60            sw.Close();
61    }
```

代码分析：

47　自定义另存为的方法，返回值为空，带一个 string 类型的形式参数。

49　获取保存文件的路径全称。

51　创建写文件流对象。

52　设置记事本标题栏信息为当前打开文本文件名。

53　调用文件流的 Write 方法，将编辑框中的文本信息写入指定的文件流中。

54　是否写入文件流对象。

56　自定义直接保存方法，返回值为空，参数表为空。

59　保存文件。

60　释放资源。

(6) 双击"保存"菜单项，进入"保存"菜单项的单击事件。

```
62    private void tsmiSave  _Click(object sender, EventArgs e)
63    {
64            SaveFileDialog save = new SaveFileDialog();
65            if (string.Equals(this.Text, "无标题-记事本"))
66            {
67                save.Filter = "文本文件|*.text;*.txt";
68                if (save.ShowDialog() == DialogResult.OK)
69                {
70                        SaveInfo(save.FileName);
71                }
72            }
73            else
74            {
75                Save2Info();
76            }
77    }
```

代码分析：

64　创建保存文件对话框对象。

65　判断是新建记事本还是打开以前的记事本。

67　设置保存的文件格式。

70　调用自定义方法 SaveInfo。

75　调用自定义方法 Save2Info。

(7) 双击"另存为"菜单项，进入"另存为"菜单项的单击事件。

```
78    private void tsmiSaveA _Click(object sender, EventArgs e)
79    {
80            SaveFileDialog save = new SaveFileDialog();
```

```
81          save.Filter = "文本文件|*.text;*.txt";
82          if (save.ShowDialog() = = DialogResult.OK)
83          {
84              SaveInfo(save.FileName);
85          }
86      }
```

代码分析:

80 创建保存对话框。

81 设置保存的文件格式。

82 显示保存对话框,并判断是否按下确定按钮。

84 调用自定义方法 SaveInfo,其中保存对话框的文件路径名为实参。

(8) 双击"退出"菜单项,进入"退出"菜单项的单击事件。

```
87   private void tsmiExit _Click(object sender, EventArgs e)
88   {
89          if (txtEdit.Modified && txtEdit.Text != "")
90          {
91              DialogResult result = MessageBox.Show("文件" + Text + "内容已经改变。\n\n 您是否要
                    保存文件? ", "记事本", MessageBoxButtons.YesNoCancel,MessageBoxIcon.Question);
92              if (string.Equals(result, DialogResult.Yes))
93              {
94                  SaveFileDialog save = new SaveFileDialog();
95                  save.Filter = "文本文件|*.text;*.txt";
96                  if (save.ShowDialog() == DialogResult.OK)
97                  {
98                      SaveInfo(save.FileName);
99                      Application.Exit();
100
101                  }
102              }
103              else if (string.Equals(result, DialogResult.Cancel))
104              {
105
106              }
107              else if (string.Equals(result, DialogResult.No))
108              {
109                  Application.Exit();
110              }
111          }
112          else
```

```
113            {
114                Application.Exit();
115            }
116  }
```

代码分析：

91　在退出记事本时，如果当前记事本内容有改动，就询问用户是否保存。

94　创建保存对话框。

95　设置保存的格式。

96　显示保存对话框，并选择保存的文件路径和名称。

98　调用自定义的 SaveInfo 方法。

105　此时用户不做任何操作。

109　整个应用程序退出。

114　整个应用程序退出。

(9) 单击"字体"菜单项，进入"字体"单击事件。

```
117  private void TlSMItemFont_Click(object sender, EventArgs e)
118  {
119      FontDialog font = new FontDialog();
120      if (font.ShowDialog() = = DialogResult.OK)
121      {
122          this.txtEdit.Font = font.Font;
123      }
124  }
```

代码分析：

119　创建字体对话框对象。

122　将字体对话框中选中的字体格式赋给文本框中文字的字体。

(10) 单击"颜色"菜单项，编写"颜色"单击事件。

```
125  private void TlSMItemColor_Click(object sender, EventArgs e)
126  {
127      ColorDialog fontcolor = new ColorDialog();
128      if (fontcolor.ShowDialog() = = DialogResult.OK)
129      {
130          this.txtEdit.ForeColor = fontcolor.Color;
131      }
132  }
```

代码分析：

127　创建颜色对话框对象。

130　将颜色对话框中选中的颜色设置为文本框中文字的颜色。

(11) 单击"撤销"菜单项，编写"撤销"单击事件。

```
133  txtEdit.Undo()
```

(12) 单击"复制"菜单项，编写"复制"单击事件。

134   txtEdit. Copy()

(13) 单击"剪切"菜单项，编写"剪切"单击事件。

135   txtEdit.Cut()

(14) 单击"全选"菜单项，编写"全选"单击事件。

136   txtEdit.SelectAll()

(15) 单击"删除"菜单项，编写"删除"单击事件。

137   txtEdit.SelectedText= "";

(16) 单击"状态栏"→"查看"菜单项，编写"查看"单击事件。

```
138  private void tsmiStatusBar _Click(object sender, EventArgs e)
139  {
140      if (tsmiStatusBar.Checked ==true )
141      {
142          ssNotPad.Visible = true;
143      }
144      if (tsmiStatusBar.Checked = = false)
145      {
146          ssNotPad.Visible = false;
147      }
148  }
```

代码分析：

142   当"查看"菜单项被选中时，当前状态栏可见。

146   当"查看"菜单项不被选中时，当前状态栏隐藏。

(17) 选中文本框控件，单击属性窗口的事件编辑器，找到文本框控件的 MouseMove 事件编写代码，实现状态栏上鼠标坐标值的显示。

```
149  private void txtEdit_MouseMove(object sender, MouseEventArgs e)
150  {
151      slblXY.Text = string.Format("当前位置是 x 轴:{0},y 轴{1}", e.X, e.Y);
152  }
```

代码分析：

151   当鼠标在文本框内移动时记录下鼠标实时的横坐标值和纵坐标值，并显示在状态栏中。

(18) 双击定时器 Timer 控件，编写 Timer 的 Tick 事件，实现状态栏上日期时间的显示。

```
153  private void timer1_Tick(object sender, EventArgs e)
154  {
155      dateTime   = DateTime.Now.ToString();
156      slblTime.Text   = string.Format("当前日期时间:{0}", dateTime);
157  }
```

代码分析：

153　利用定时器 Timer 控件，每秒更新一次当前系统的时间。

155　获取系统时间。

156　将系统的日期时间显示在状态栏中。

I.2.3　知识库

1. 系统对话框的使用

.NET framework 2.0 提供了标准的系统对话框，使用相应的类进行封装，如 OpenFileDialog 类、SaveFileDialog 类、FontDialog 类、ColorDialog 类等，各种常见对话框的属性及返回值如表 I.7 所示。显示对话框需调用 ShowDialog 方法。

表 I.7　各种常见对话框的属性和返回值

对话框	属性	返回值
ColorDialog	AllowFullOpen,SolidColorOnly，ShowHelp	Color
FontDialog		Font，Color
OpenFileDialog	InitialDirectory, Filter, RestoreDirectory, MultiSelect，ShowReadOnly	OpenFile()，FileName，FileNames
SaveFileDialog	OverwritePrompt	FileName

OpenFileDialog 与 SaveFileDialog 对话框常见属性与事件如表 I.8 所示。

表 I.8　OpenFileDialog 与 SaveFileDialog 对话框常见属性与事件

属性或事件	说　明
InitialDirectory	对话框的初始目录
Filter	筛选要在对话框中显示的文件类型，例如："图像文件(*.JPG;*.BMP)|*.JPG;*.BMP|所有文件(*.*)|(*.*)"
RestoreDirectory	控制对话框在关闭之前是否恢复当前目录
FileName	第一个显示在对话框的文件或最后一个选取的文件
Title	对话框标题栏显示的字符内容
AddExtension	是否自动添加默认扩展名
CheckPathExists	在对话框返回之前，检查指定的路径是否存在
DefaultExt	设置默认扩展名
DereferenceLinks	在从对话框返回前是否取消引用快捷方式
ShowHelp	是否启用"帮助"按钮
ValiDateNames	控制对话框，检查文件名是否只接受有效的文件名
Multiselect	控制对话框，是否允许选择多个文件
FileOk	当用户单击"打开"或"保存"时要触发的事件
HelpRequest	当用户单击"帮助"按钮时要触发的事件

FontDialog 对话框常见属性如表 I.9 所示。

表Ⅰ.9 FontDialog 对话框常见属性

属 性	说 明
ShowEffects	是否显示字体效果
ShowColor	是否显示颜色控件
Font	设置初始字体属性
Color	设置初始颜色属性
MaxSize	设置能够选择的最大字体
MinSize	设置能够选择的最小字体

2. StreamWriter 与 StreamReader(文件操作)

用 StreamReader 和 StreamWriter 类，不需要担心文件中使用的编码方式(文本格式)了。可能的编码方式是 ASCII(一个字节表示一个字符)或者基于 Unicode 的格式(Unicode、UTF7 和 UTF8)。其约定是：如果文件是 ASCII 格式，则只包含文本；如果是 Unicode 格式，则用文件的前两个或三个字节来表示，这几个字节可以设置为表示文件中格式的值的特定组合。具体操作如下：

(1) 对文件操作，先引用两个命名空间：

　　using System.IO;(操作文件)

　　using Sysetem.Text;(操作文本)

(2) 创建文本文件：

① 创建文件名和文件内容(相当于新建文本文档)；

② 创建 StreamWriter 对象，创建一个某格式的文件；

③ 将内容写入数据流 WriteLine；

④ 关闭 StreamWrite 对象。

3. 消息框(MessageBox)

消息框通常用于显示一些提示和警告信息。用户不能创建 MessageBox 类的实例调用静态 Show 方法；在调用 Show 方法时，也需要有选择地指定参数，如消息框显示的字符串、标题栏显示的字符串、消息框中显示的按钮和图标等。

消息框通过 MessageBoxButtons 类来指定消息框中显示的按钮，通过 MessageBoxIcon 类指定消息框中显示的图标，如表Ⅰ.10 和表Ⅰ.11 所示。

表Ⅰ.10 MessageBoxButtons 类

静态常量成员	说 明
AbortRetryIgnore	显示"终止"、"重试"、"忽略"按钮
Ok	显示"确定"按钮
OkCancel	显示"确定"、"取消"按钮
RetryCancel	显示"重试"、"取消"按钮
YesNo	显示"是"、"否"按钮
YesNoCancel	显示"是"、"否"、"取消"按钮

表 I.11 MessageBoxIcon 类

静态常量成员	说　明
Asterisk	提示图标
Error	错误图标
Exclamation	警告图标
Hand	指示图标
Information	提示图标
Question	问号图标
Stop	错误图标
Warning	警告图标

4．事件

Windows 窗体应用程序的设计是基于事件驱动的。事件是指由系统事先设定的、能被控件识别和响应的动作，例如单击鼠标或按下某个键等。事件最常见的用途是用于图形用户界面。一般情况下，每个控件都有一些事件，当用户对控件对象进行某些操作(如单击某个按钮)时，系统就会将相关信息告诉这些事件。调用事件的代码很简单，它的语法和调用一个方法类似，直接使用事件的名称，并传入事件的参数就可以了。事件驱动指程序不是完全按照代码文件中排列的顺序从上到下依次执行的，而是根据用户操作触发相应的事件。设计 Windows 应用程序的很多工作就是为各个控件编写需要的事件代码，但一般来说只需要对必要的事件编写代码。在程序运行时由控件识别这些事件，然后去执行对应的代码。没有编写代码的事件是不会响应任何操作的。常见的事件如表 I.12 所示。

表 I.12 常见的事件

事件名称	说　明
Click	单击鼠标左键时触发
MouseDoubleClick	双击鼠标左键时触发
MouseEnter	鼠标进入控件可见区域时触发
MouseMove	鼠标在控件可见区域内移动时触发
MouseLeave	鼠标离开控件可见区域时触发
KeyDown	按下键盘某个键时触发
KeyUp	释放键盘按键时触发
KeyPress	释放键盘按键后触发

I.3　任务三："我的 SDI 记事本"的修饰一——关于窗体

I.3.1　功能描述

关于窗体实现多窗体显示，介绍本系统的基本信息，如图 I-2 所示。

图 I.2

I.3.2 设计步骤及要点解析

(1) 单击"项目"→"添加 Windows 窗体"菜单，在对话框中名称一栏将文件名改为"AboutForm.cs"。

(2) 修改当前窗体的各个属性，如表 I.13 所示。

表 I.13 关于窗体的属性

属　性	值	备　注
Text	关于…	
FormBoderStyle	FixedDialog	将当前窗体设置为模态窗体
MaximizeBox	False	不显示最大化按钮
MinimizeBox	False	不显示最小化按钮

(3) 在工具箱中拖放三个 Label 控件到该窗体，放置在窗体的中间并修改各个属性，如表 I.14 所示。

表 I.14 三个 Label 控件

控　件	属　性	值	备　注
第一个 Label 控件	Name	lblName	
	Text	我的 SDI 记事本	
	Anchor	Top, Bottom, Left, Right	
	Font	字体为粗体，字号为三号	
第二个 Label 控件	Name	lblNo	
	Text	版本号：1.0	
	Anchor	Top, Bottom, Left, Right	
	Font	字体为粗体，字号为三号	
第三个 Label 控件	Name	lblUser	
	Text	版权：热爱学习 C#的所有同学	
	Anchor	Top, Bottom, Left, Right	
	Font	字体为粗体，字号为三号	

（4）在工具箱中将 Button 控件拖放到该窗体，放置于窗体下端的中间，并修改各个属性，如表 I.15 所示。

表 I.15　Button 控件

属　　性	值	备注
Name	btnOk	
Text	确定	

I.3.3　功能实现

（1）双击主窗体菜单栏"帮助"中的子菜单"关于记事本…"，编写"关于记事本…"的单击事件，实现关于窗体的显示。

```
1    private void tsmiAbout _Click(object sender, EventArgs e)
2    {
3            AboutForm aboutForm = new AboutForm();
4            aboutForm.Show();
5    }
```

代码分析：

3　实例化关于窗体。

4　显示关于窗体。

（2）在关于窗体中，双击"确定"按钮，编写"确定"按钮 btnOk 的单击事件，实现关于窗体的关闭。

```
6    private void btnOk_Click(object sender, EventArgs e)
7    {
8            this.Close();
9    }
```

代码分析：

8　关闭关于窗体。

I.3.4　知识库

模态窗体和非模态窗体对话框一般分为两种类型：模态类型(model)与非模态类型(modeless)。所谓模态对话框，就是指除非采取有效的关闭手段，用户的鼠标焦点或者输入光标将一直停留在其上的对话框；非模态对话框则不会强制此种特性，用户可以在当前对话框以及其他窗口间进行切换。

在父子窗体中，子窗体如果是模态，则不关闭子窗体就无法处理主窗体的事务；若子窗体是非模态，则不关闭子窗体同样可以处理主窗体的事务。对于模态对话框，如果打开了一个模态对话框，则只能在这个模态对话框基础之上进行操作(如利用本模态对话框的菜单进行弹出另一个对话框)，而不能在同一应用程序的其它地方进行工作，只有关闭了这个模态对话框才能在其它地方进行操作；对于非模态对话框，无论它是否关闭，都可以在其它地方进行操作。

　　Form.Show()：创建新窗体(非模态)后，立即返回，且没有在当前活动窗体和新窗体间建立任何关系，即在保持新窗体的情况下关闭(或最小化)现有窗体或在保留现有窗体情况下关闭(或最小化)新窗体，都是可以的。

　　Form.ShowDialog()：创建模态窗体，即只有当建立的新窗体关闭之后，原有窗体才能重新获得控制权。即如果不关闭新窗体，则无法对原活动窗体进行任何操作。对新窗体进行的最小化、还原将会和原窗体一起进行，但是新窗体的关闭对原窗体没有影响。

　　需要注意的是，不管是何种情况，只要主窗体被关闭了，或主程序结束了，那么 Application.Exit()将会关闭所有窗体，不管它是模态的还是非模态的。

Ⅰ.4　任务四："我的 SDI 记事本"的修饰二——欢迎窗体

Ⅰ.4.1　功能描述

　　通过使用工具箱中定时器 Timer 控件，实现"我的 SDI 记事本"的欢迎窗体，如图Ⅰ.3 所示。欢迎窗体显示 3 秒钟后自动关闭。

图Ⅰ.3

Ⅰ.4.2　设计步骤

　　(1) 单击 Microsoft Visual Studio 2005 的"文件"→"项目"→"添加 Windows 窗体"，选中"Windows 窗体"，在名称处输入"WelcomeForm.cs"，单击"确定"按钮。设置 FormBorderStyle 属性为 None(无窗体边框)；设置 StartPosition 属性为 CenterScreen(窗体居中)；设置 Opacity 属性为 90%。

　　(2) 在工具箱中将 Timer 控件拖放到该窗体，并设置其 Name 属性为 tmrWelcome，设置其 Interval 属性为 1000。

　　(3) 在工具箱中将 Label 控件拖放到该窗体，并设置其 Text 属性值为"我的 SDI 记事本"，并修改其 Font 集合的 Size 属性为 11。

　　(4) 在工具箱中将 ProgressBar(进度条)控件拖放到该窗体，并设置其 Name 属性为 pgbWelcome，设置其 Maximuml 属性为 3。

Ⅰ.4.3　功能实现及要点解析

（1）启动定时器功能。

```
1    private void WelcomeForm _Load(object sender, EventArgs e)
2    {
3            tmrWelcome.Enabled = true;
4    }
```

代码分析：

　3　启动定时器。

（2）在 WelcomeForm 类内添加成员，实现计时。

```
5    public int i = 0;
```

（3）双击定时器，进入定时器代码编辑器。

```
6    private void tmrWelcome_Tick(object sender, EventArgs e)
7    {
8            pgbWelcome.Value = i;
9            i++;
10           if (i = = 4)
11           {
12                   tmrWelcome.Enabled = false;
13                   this.DialogResult = DialogResult.OK;
14           }
15   }
```

代码分析：

　8　将全局变量的值赋值给进度条。

　9　每秒钟全局变量增加 1。

　12　关闭定时器。

　13　设置当前欢迎窗体的对话框返回值为确定。

（4）修改 program.cs 文件的 main 方法内容。

```
16           Application.EnableVisualStyles();
17           Application.SetCompatibleTextRenderingDefault(false);
18           WelcomeForm welForm = new WelcomeForm();
19           if   (welForm.ShowDialog() = = DialogResult.OK)
20                   Application.Run(new NotepadeForm());
21           else
22                   Application.Exit();
```

代码分析：

　16　使得应用程序启用 Windows XP 样式。

　17　在应用程序范围内设置控件显示文本的默认方式为以 GDI 方式显示文本。

18 应用程序运行欢迎窗体。

I.4.4 知识库

1. Timer 控件

Timer 控件提供了一种可在程序运行时操控时间的机制。它是一种非可视化控件，不向用户提供用户界面，因此在运行时不会显示在界面上。它类似于时钟，在指定的时间间隔不断计时，时间一到即触发事件，执行预设的动作。Timer 控件的属性或方法如表 I.16 所示。

表 I.16 Timer 控件

属性或方法	说 明
Enabled	用于表示是否 Tick 事件
Interval	用于指定间隔时间，单位是毫秒
Tick	指定间隔到期后执行

2. ProgressBar 控件

ProgressBar 进度条控件用于指示操作的进度、完成的百分比，其外观是排列在水平条中的一定数目的矩形，通常通过在程序中设置其 Value 值来显示任务完成的百分比。Progress Bar 控件的属性或方法如表 I.17 所示。

表 I.17 ProgressBar 控件

属性或方法	说 明
Maximum	进度条控件的最大值。默认值为 100
Minimum	进度条控件的最小值。进度条从最小值开始递增，直至达到最大值。默认值为 0
Step	PerformStep 方法据以增加进度条的光标位置的值。默认值为 10
Value	进度条控件中光标的当前位置。默认值为 0
Increment	按指定的递增值移动进度条的光标位置
PerformStep	按 Step 属性中指定的值移动进度条的光标位置

I.5 项 目 案 例

(1) 设计一个 Windows 应用程序，窗体上放置一个 TextBox 控件。要求：每当用户单击窗体空白处时，文本框都会增加一行文字来反映单击的次数，例如，"第 5 次单击窗体"。

(2) 编写一个简易的计算器。要求：实现整数的加减乘除运算。

项目二　我的 MDI 记事本

❖ **项目需求**
  ■ 在项目一的基础上使用 MDI 窗体及 RichTextBox 控件重构"我的 SDI 记事本"
❖ **项目技能目标**
  ■ 理解窗体类的属性和方法的作用
  ■ 能够使用扩展控件设计窗体界面
  ■ 能够编写简单的事件处理程序
  ■ 会使用 MDI 多文档窗体设计
❖ **项目专业词汇**
  ■ 编码量达 600 行
❖ **项目专业词汇**
  MDI：多文档窗体
  clipboard：剪切板
  static：静态的

II.1　任务一："我的 MDI 记事本"主窗体及子窗体设计

II.1.1　功能描述

通过工具箱中 RichTextBox 控件和 ToolStrip 控件以及 MDI 窗体的应用，实现"我的 MDI 记事本"的父子窗体设计。"我的 MDI 记事本"父窗体如图 II.1 所示，"我的 MDI 记事本"父子窗体如图 II.2 所示。

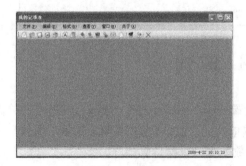
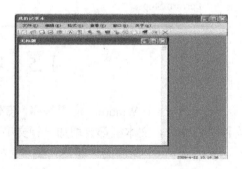

图 II.1　"我的 MDI 记事本"父窗体　　　　图 II.2　"我的 MDI 记事本"父子窗体

Ⅱ.1.2 设计步骤及要点解析

(1) 单击 Notepad，设置其 IsMdiContainer 属性为 True，设置其 WindowState 属性为 Maximized。在项目一"我的 SDI 记事本"的基础上加入新的菜单项，并设置各自的 Name 和 Text 属性，并修改编辑菜单项、窗口菜单项、格式菜单项和查看菜单项，如表Ⅱ.1 所示。

表Ⅱ.1 "我的 MDI 记事本"各级菜单详情

顶级菜单	Name 属性	Text 属性	子菜单	Name 属性	Text 属性	其它属性
格式	tsmiFormat	格式	自动换行	tsmiWordWrap	自动换行	Checked 属性：True
			字体	tsmiFont	字体	
			颜色	tsmiColor	颜色	
窗口	tsmiWindows	窗口	背景图片	tsmiBackImage	背景图片	
			平铺	tsmiHorizontal	平铺	
			层叠	tsmiCascade	层叠	
编辑	tsmiEdit	编辑	撤销	tsmiUndo	撤销	
			恢复	tsmiRe	恢复	
			—		—	
			剪切	tsmiCut	剪切	
			复制	tsmiCopy	复制	
			粘贴	tsmiPaste	粘贴	
			删除	tsmiDel	删除	
			—		—	
			全选	tsmiSelectAll	全选	
查看	tsmiCheck	查看	状态栏	tsmiStatusBar	状态栏	Checked 属性：Truc；CheckOnClick 属性：True；CheckState 属性：Checked

(2) 在工具箱中将 ToolStrip 控件拖放到该窗体，设置其 Name 属性为 tsNotepad 后，添加所需 ToolStripButton，设置各自的 Name 和 Text 属性，并根据需要设置 DisplayStyle 和 Image 属性，如表Ⅱ.2 所示。

表Ⅱ.2 各 ToolStripButton 属性

Name 属性	Text 属性
tsBtnNew	新建
tsBtnOpen	打开
tsBtnSave	保存
tsBtnSaveAs	另存为
tsBtnClose	关闭文本

右上角：续表

Name 属性	Text 属性
—	—
tsBtnUndo	撤销
tsBtnRedo	恢复
tsBtnCut	剪切
tsBtnCopy	复制
tsBtnPaste	粘贴
tsBtnDel	删除
—	—
tsBtnFont	字体
tsBtnColor	颜色
—	—
tsBtnHorizontal	平铺窗口
tsBtnCascade	层叠窗口
—	—
tsBtnExit	退出记事本

（3）在窗体上拖放控件 FontDialog 和 ColorDialog，并分别设置对象名称为 fontDlg 和 colorDlg。

（4）在解决方案资源管理器中右键单击项目名称，选择快捷菜单"添加"→"新建文件夹"，并命名为 Resources。将欲作为背景的图片导入 Resources 文件夹。

（5）在 Visual Studio 中点击"项目"→"添加 Windows 窗体"，或在"解决方案资源管理器"中右键单击本项目，选择"添加"→"Windows 窗体"，输入名称"TextForm"，单击"添加"按钮。该窗体为子窗体。

（6）在工具箱中将 RichTextBox 控件拖放到该窗体，并设置其 Name 属性为 txtBox，Text 属性为"无标题"。其它属性的设置见表 II.3。

表 II.3　RichTextBox 控件属性

属　　性	属　性　值
BorderStyle	None
Dock	Fill
EnableAutoDragDrop	True
Modifiers	Public
ScrollBars	ForcedVertical
Multiline	True(默认)
WordWrap	True(默认)

（7）在工具箱中将 ContextMenuStrip 控件拖放到主窗体，添加与"编辑"菜单项相同的

子菜单。

要点解析：

(1) 设置 IsMdiContainer 属性为 True 表示将当前窗体设置为 MDI 窗体的父窗体。

(2) "—"为 ToolStripSeparator，即作为工具栏按钮的分隔符。

(6) BorderStyle 属性为 None 表示设置当前窗体为无边框模式；EnableAutoDragDrop 属性为 True 表示启用文本和其他数据的拖放操作；Modifiers 属性值为 Public 表示设置当前子窗体的 RichTextBox 控件对象的可见性级别为公有的，即在父窗体可访问子窗体的 RichTextBox 控件；ScrollBars 属性定义滚动条；Multiline 属性值为 True 表示文本可跨越多行；WordWrap 属性为 True 表示在当前 RichTextBox 中可自动换行。

Ⅱ.1.3 知识库

1. ToolStrip 控件

ToolStrip 控件即工具栏控件，一般由多个按钮、标签等排列组成，通过这些项可以快速地执行程序提供的一些常用命令，比使用菜单选择更加方便快捷。

Windows 窗体中添加一个 ToolStrip 控件后，窗体顶端会出现一个工具栏，单击工具栏上的小箭头弹出下拉菜单，其中每一项都是可以使用在工具栏上的项类型，常用的有 Button(按钮)、Label(标签)、ComboBox(组合框)、SplitButton(分隔按钮)和 TextBox(文本框)等控件。单击某项即可将其添加到工具栏上，也可以通过 ToolStrip 控件的 Items 属性调用"项集合编辑器"对话框完成工具栏的编辑。

ToolStrip 控件相关属性说明如表Ⅱ.4 所示。

表Ⅱ.4 ToolStrip 控件相关属性说明

属性及说明	属性值及说明
DisplayStyle：指定是否显现图像和文本	None：什么都不显示
	Text：只显示文本
	Image：只显示图像
	ImageAndText：图像和文本同时显示
AutoToolTip：鼠标停留在 ToolStripButton 上时是否显示其 Text 属性	True：显示
	False：不显示
Image：显示在 ToolStripButton 的图像	可选择资源导入 建议使用 16×16 像素透明背景的图标
ImageScaling：指定 ToolStripButton 的图像是否进行调整以适合 ToolStrip 的大小	SizeToFit：调整图像的大小 None：不调整

2. RichTextBox 控件

RichTextBox 控件不仅允许输入和编辑文本，同时还提供了标准 TextBox 控件所没有的指定格式的许多功能。标准 TextBox 控件用到的所有属性、事件和方法，RichTextBox

控件几乎都能支持，且 RichTextBox 控件并没有和标准 TextBox 控件一样具有 64 KB 字符容量的限制。对于 RichTextBox 控件文本的任何部分，均可通过设定其属性指定格式，并可以使用控件的方法(LoadFile 和 SaveFile)直接读写文件。RichTextBox 控件的属性或方法见表 II.5。

表 II.5　RichTextBox 控件的属性或方法

属性或方法	说　　明
CanRedo	如果上一个被撤销的操作可以使用 Redo 重复，这个属性就是 true
CanUndo	如果可以在 RichTextBox 上撤销上一个操作，这个属性就是 true。注意，CanUndo 在 TextBoxBase 中定义，所以也可以用于 TextBox 控件
RedoActionName	这个属性包含通过 Redo 方法执行的操作名称
DetectUrls	把这个属性设置为 true，可以使控件检测 URL，并格式化它们(在浏览器中是带有下划线的部分)
Rtf	它对应于 Text 属性，但包含 RTF 格式的文本
SelectedRtf	使用这个属性可以获取或设置控件中被选中的 RTF 格式文本。如果把这些文本复制到另一个应用程序中，例如 Word，该文本会保留所有的格式化信息
SelectedText	与 SelectedRtf 一样，可以使用这个属性获取或设置被选中的文本。但与该属性的 RTF 版本不同，所有的格式化信息都会丢失
SelectionAlignment	它表示选中文本的对齐方式，可以是 Center、Left 或 Right
SelectionBullet	使用这个属性可以确定选中的文本是否格式化为项目符号的格式，或使用它插入或删除项目符号
BulletIndent	使用这个属性可以指定项目符号的缩进像素值
SelectionColor	这个属性可以修改选中文本的颜色
SelectionFont	这个属性可以修改选中文本的字体
SelectionLength	使用这个属性可以设置或获取选中文本的长度
SelectionType	这个属性包含了选中文本的信息。它可以确定是选择了一个或多个 OLE 对象，还是仅选择了文本
ShowSelectionMargin	如果把这个属性设置为 true，则在 RichTextBox 的左边就会出现一个页边距，这将使用户更易于选择文本
UndoActionName	如果用户选择撤销某个动作，则该属性将获取该动作的名称
SelectionProtected	把这个属性设置为 true，可以指定不修改文本的某些部分

II.2 任务二:"我的 MDI 记事本"功能实现

II.2.1 功能描述

代码实现"我的记事本"父子窗体的主要功能。

II.2.2 功能代码展示及要点解析

(1) 在父窗体类中导入名称空间。

```
1    using System.IO;
```

(2) 创建父窗体对象并赋值。

```
2    public static Notepad npForm;
3    public Notepad()
4    {
5        InitializeComponent();
6        npForm = this;
7    }
```

代码分析:

2 创建一个静态的主窗体对象,便于在子窗体中访问。

6 在构造函数中把自身赋值给这个对象,子窗体就能直接使用 Notepad.npForm 来调用父窗体而不必实例化。

(3) 在父窗体类中定义当前激活的子窗体对象。

```
8    TextForm tfForm = new TextForm();
```

(4) 父窗体类的 MDI 子窗体激活事件。

```
9    private void Notepad_MdiChildActivate(object sender, System.EventArgs e)
10   {
11       tfForm = (TextForm)this.ActiveMdiChild;
12   }
```

(5) 在父窗体类中定义对话框返回值对象。

```
13   public DialogResult result;
```

(6) 父窗体"新建"子菜单项。

```
14   private void tsmiNew_Click(object sender, EventArgs e)
15   {
16       TextForm tfForm = new TextForm();
17       tfForm.MdiParent = this;
18       tfForm.Show();
19   }
```

代码分析：

17　设置新建窗体的父窗体为当前窗体。

18　子窗体显示。

(7) 父窗体"退出"子菜单项。

```
20    public void tsmiExit_Click(object sender, EventArgs e)
21    {
22        this.Close();
23    }
```

代码分析：

22　关闭当前窗体。

(8) 父窗体自定义获取文件的方法。

```
24    private void GetFile(string path)
25    {
26        StreamReader sr = new StreamReader(path,System.Text.Encoding.Default);
27        tfForm.txtBox.Text = sr.ReadToEnd();
28        tfForm.tempFile = tfForm.txtBox.Text;
29        sr.Close();
30    }
```

代码分析：

26　定义一个文件流对象为 sr，用于读取指定路径的文件。

27　将文件流中的数据赋值为子窗体 RichTextBox 控件的文本信息。

28　将子窗体 RichTextBox 控件的文本信息赋值给当前子窗体的全局变量 tempFile。

29　关闭读文件流。

(9) 父窗体"打开"子菜单项。

```
31    private void tsmiOpen_Click(object sender, EventArgs e)
32    {
33        bool already = false;
34        OpenFileDialog dlg = new OpenFileDialog();
35        dlg.Filter = "文本文件|*.txt|cs 文件|*.cs|java 文件|*.java|html 文件|*.html";
36        dlg.Multiselect = true;
37        if (dlg.ShowDialog() = = DialogResult.OK)
38        {
39            for (int i = 0; i <dlg.FileNames.Length; ++i)
40            {
41                for (int j = 0; j < this.MdiChildren.Length ; ++j)
42                {
43                    MdiChildren[j].Activate();
44                    if (tfForm.tempFilePath == dlg.FileNames[i])
45                    {
```

```
46                    already = true;
47                    break;
48                }
49            }
50            if (already = = false)
51            {
52                tsmiNew_Click(sender, e);
53                GetFile(dlg.FileNames[i]);
54                tfForm.tempFilePath = dlg.FileNames[i];
55                tfForm.Text = Path.GetFileName(dlg.FileNames[i]);
56            }
57        }
58    }
59 }
```

代码分析：

33　定义一个布尔类型的局部变量 already，用于判断是否已存在将要打开的文件，初始为 False。

34　创建打开对话框对象 dlg。

35　设置打开文件的类型。

36　设置对话框允许选择多个文件。

39　使用循环变量 i 指向选择要打开的文件。

41　使用循环变量 j 指向每个要打开文件所在的子窗体。

43　激活当前子窗体。

44　判断当前被激活窗体的文件路径是否与将要打开的文件路径一致，即若已存在将要打开的文件。

47　强制退出当前子窗体。

50　若将要打开的文件不存在。

52　执行与子菜单项"新建"一致的功能，调用该菜单项的单击事件。

53　调用自定义的打开文件的方法 GetFile()，指定当前参数为当前打开文件的文件名。

54　把文件路径赋值给当前 tfForm 对象的 tempFilePath。

55　设置当前窗体的标题信息为打开文件的文件名。

(10) 父窗体"保存"子菜单项。

```
60   public void Save(string path)
61   {
62       StreamWriter sw = new StreamWriter(path, false, System.Text.Encoding.Default);
63       sw.Write(tfForm.txtBox.Text);
64       tfForm.tempFile = tfForm.txtBox.Text;
65       sw.Close();
66   }
```

代码分析：

60　自定义直接保存的方法，参数为保存文件的路径。

62　使用写文件流创建一个对象 sw，其中第 1 个参数为路径；第 2 个参数为 True 表示在原文本后面继续添加，为 False 则覆盖原文本；第 3 个参数是解码。

63　将当前窗体的文本框的文本信息写到文件流中。

64　将当前窗体的文本框的文本内容赋值给当前的窗体对象的 tempFile 属性。

65　保存并关闭文件流。

(11)　"另存为"子菜单项。

```
67    private void tsmiSaveAs_Click(object sender, EventArgs e)
68    {
69        SaveFileDialog dlg = new SaveFileDialog();
70        dlg.Filter = "文本文件|*.txt|cs 文件|*.cs|java 文件|*.java|html 文件|*.html";
71        if (dlg.ShowDialog() == DialogResult.OK)
72        {
73            Save(dlg.FileName);
74            tfForm.tempFilePath = dlg.FileName;
75            tfForm.Text = Path.GetFileName(dlg.FileName);
76        }
77    }
```

代码分析：

69　创建保存文件对话框对象。

70　设置保存文件对话框保存的文件类型。

73　调用自定义的保存方法，指定参数值为当前保存对话框所指定的文件名。

74　把文件路径赋值给当前 tfForm 对象的 tempFilePath。

75　将当前窗体的标题栏信息设置为已经保存的文件名。

(12)　父窗体"保存"子菜单项。

```
78    private void tsmiSave_Click(object sender, EventArgs e)
79    {
80        if (tfForm.tempFilePath == "")
81            tsmiSaveAs_Click(sender, e);
82        else
83            Save(tfForm.tempFilePath);
84    }
```

代码分析：

80　若存储路径的全局变量为空，则为首次保存。

81　首次保存执行与"另存为"子菜单项单击事件一致的功能。

83　若不是首次保存，则调用直接保存的方法沿用原有的路径直接保存。

(13)　父窗体"剪切"子菜单项。

```
85    public void tsmiCut_Click(object sender, EventArgs e)
```

```
86      {
87          tfForm.txtBox.Cut();
88      }
```

(14) 父窗体"复制"子菜单项。

```
89      public void tsmiCopy_Click(object sender, EventArgs e)
90      {
91          tfForm.txtBox.Copy();
92      }
```

(15) 父窗体"粘贴"子菜单项。

```
93      public void tsmiPaste_Click(object sender, EventArgs e)
94      {
95          tfForm.txtBox.Paste();
96      }
```

(16) 父窗体"撤销"子菜单项。

```
97      public void tsmiUn_Click(object sender, EventArgs e)
98      {
99          tfForm.txtBox.Undo();
100     }
```

(17) 父窗体"恢复"子菜单项。

```
101     public void tsmiRe_Click(object sender, EventArgs e)
102     {
103         tfForm.txtBox.Redo();
104     }
```

(18) 父窗体"删除"子菜单项。

```
105     public void tsmiDel_Click(object sender, EventArgs e)
106     {
107         tfForm.txtBox.SelectedText = "";
108     }
```

(19) 父窗体"全选"子菜单项。

```
109     public void tsmiSelectAll_Click(object sender, EventArgs e)
110     {
111         tfForm.txtBox.SelectAll();
112     }
```

(20) 父窗体"自动换行"子菜单项。

```
113     private void tsmiWordWrap_Click(object sender, EventArgs e)
114     {
115         if (tfForm.txtBox.WordWrap = = false)
116         {
117             tfForm.txtBox.ScrollBars = RichTextBoxScrollBars.ForcedVertical;
```

```
118                    tfForm.txtBox.WordWrap = true;
119              }
120         else
121              {
122                    tfForm.txtBox.WordWrap = false;
123                    tfForm.txtBox.ScrollBars = RichTextBoxScrollBars.ForcedBoth;
124              }
125         }
```

代码分析：

115   判断是否支持自动换行。

117   设置当前子窗体对象的文本框滚动条为垂直滚动条。

118   设置自动换行。

122   取消自动换行。

123   设置当前子窗体对象的文本框滚动条为垂直和水平滚动条。

(21) 父窗体"字体"子菜单项。

```
126    private void tsmiFont_Click(object sender, EventArgs e)
127    {
128         if (fontDlg.ShowDialog() = = DialogResult.OK)
129         {
130              if (tfForm.txtBox.SelectedText != "")
131                   tfForm.txtBox.SelectionFont = fontDlg.Font;
132              else
133                   tfForm.txtBox.Font = fontDlg.Font;
134         }
135    }
```

代码分析：

130   判断当前是否有选中的文本。

131   改变当前选中文本的字体为字体对话框中所选择的字体。

133   若没有选中文字，则将所有文本的字体设置为字体对话框所选中的字体。

(22) 父窗体"颜色"子菜单项。

```
136    private void tsmiColor_Click(object sender, EventArgs e)
137    {
138         if (colorDlg.ShowDialog() = = DialogResult.OK)
139         {
140              if (tfForm.txtBox.SelectedText != "")
141                   tfForm.txtBox.SelectionColor = colorDlg.Color;
142              else
143                   tfForm.txtBox.ForeColor = colorDlg.Color;
144         }
```

145　　}

代码分析：

138　打开颜色对话框，并判断是否按下对话框的"确定"按钮。

140　判断当前是否有选中的文本。

141　设置当前选中文本的颜色为颜色对话框中所选择的颜色。

143　设置文本框中的所有文本的颜色为颜色对话框中所选择的颜色。

(23) 父窗体"状态栏"子菜单项。

```
146    private void tsmiStatusBar_Click(object sender, EventArgs e)
147    {
148        if (tsmiStatusBar.Checked = = true)
149            ssNotPad.Visible = true;
150        else
151            ssNotPad.Visible = false;
152    }
```

代码分析：

148　判断"状态栏"子菜单项是否为选中状态。

149　若"状态栏"子菜单项为选中状态，则状态栏可见。

151　若"状态栏"子菜单项为非选中状态，则状态栏不可见。

(24) 父窗体"背景图片"子菜单项。

```
153    private void tsmiBI2_Click(object sender, EventArgs e)
154    {
155        this.BackgroundImage = Properties.Resources.秋千_1440_900_;
156    }
```

代码分析：

155　使用"Properties.Resources.图片名称"引用一张图片作为当前窗体的背景图片。

(25) 父窗体"水平平铺"工具栏按钮。

```
157    private void tsBtnHorizontal_Click(object sender, EventArgs e)
158    {
159        this.LayoutMdi(MdiLayout.TileHorizontal);
160    }
```

代码分析：

159　使用 MDI 窗体的排列方法 LayoutMdi，设置子窗体的布局为水平平铺。

(26) 父窗体"层叠排放"工具栏按钮。

```
161    private void tsBtnCascade_Click(object sender, EventArgs e)
162    {
163        this.LayoutMdi(MdiLayout.Cascade);
164    }
```

代码分析：

163　使用 MDI 窗体的排列方法 LayoutMdi，设置子窗体的布局为层叠排放。

(27) 父窗体"新建"工具栏按钮。

```
165    private void tsBtnNew_Click(object sender, EventArgs e)
166    {
167        tsmiNew_Click(sender, e);
168    }
```

代码分析：

167 "新建"按钮执行与"新建"菜单项一致的功能，调用"新建"子菜单项的单击事件。由于"新建"按钮被单击后所操作对象为新的子窗体，并没有操作原来存在的子窗体，所以此时直接调用菜单的单击事件。

(28) 父窗体"打开"工具栏按钮。

```
169    private void tsBtnOpen_Click(object sender, EventArgs e)
170    {
171        tsmiOpen_Click(sender, e);
172    }
```

(29) 父窗体"退出"工具栏按钮。

```
173    private void tsBtnExit_Click(object sender, EventArgs e)
174    {
175        tsmiExit_Click(sender, e);
176    }
```

(30) 父窗体"关闭文本"工具栏按钮。

```
177    private void tsBtnClose_Click(object sender, EventArgs e)
178    {
179        if (this.ActiveMdiChild!= null)
180            tfForm.Close();
181    }
```

代码分析：

180 若存在活动子窗体，则当前子窗体关闭。

(31) 父窗体"保存"工具栏按钮。

```
182    private void tsBtnSave_Click(object sender, EventArgs e)
183    {
184        if (this.ActiveMdiChild != null)
185            tsmiSave_Click(sender, e);
186    }
```

(32) 父窗体"颜色"工具栏按钮。

```
187    private void tsBtnColor_Click(object sender, EventArgs e)
188    {
189        if (this.ActiveMdiChild != null)
190            tsmiColor_Click(sender, e);
191    }
```

(33) 父窗体自定义 Change 方法，用于关闭文本或退出时提示是否保存。

```
192    public void Change(object sender, EventArgs e)
193    {
194        if (this.ActiveMdiChild != null)
195        {
196            if (tfForm.txtBox.Text != tfForm.tempFile)
197            {
198                result = MessageBox.Show("文件" + tfForm.Text + " 的文字已经改变。\n\n 想保存文件
                   吗？ ", "我的记事本", MessageBoxButtons.YesNoCancel, MessageBoxIcon.Exclamation);
199                if (result = = DialogResult.Yes)
200                    tsmiSave_Click(sender, e);
201            }
202            else
203                result = DialogResult.None;
204        }
205    }
```

代码分析：

194　判断是否存在活动的子窗体。

196　判断当前文本框内的文本与打开或保存时存储在 tempFile 中的文本是否一致。

198　显示消息框提示是否保存，并把对话框返回值赋值给 result。

199　判断是否按下消息框的"确定"按钮。

200　若按下消息框的"确定"按钮，则调用"保存"子菜单项的单击事件。

203　若当前文本框内的文本与打开或保存时存储在 tempFile 中的文本一致，则 result 值设定为无。

(34) 父窗体的 FormClosing 事件。

```
206    private void Notepad_FormClosing(object sender, FormClosingEventArgs e)
207    {
208        while(this.ActiveMdiChild != null)
209        {
210            Change(sender, e);
211            if (result = = DialogResult.Cancel) {
212                e.Cancel = true;
213                break;  }
214            else
215                tfForm.Dispose();
216        }
217    }
```

代码分析：

208　循环判断是否存在子窗体。

210　当存在子窗体时，调用自定义的 Change 方法，进行文本的保存。

211　判断显示消息框时是否按下"取消"按钮。

212　若显示消息框时按下"取消"按钮，则取消父窗体的关闭。

213　强制退出循环体。

215　若显示消息框时按下非取消按钮，则释放子窗体。

(35) 父窗体"文件"菜单的 DropDownOpened 事件。

```
218    private void tsmiFile_DropDownOpened(object sender, EventArgs e)
219    {
220        if (this.ActiveMdiChild = = null)
221        {
222            tsmiSave.Enabled = false;
223            tsmiSaveAs.Enabled = false;
224        }
225        else
226        {
227            tsmiSave.Enabled = true;
228            tsmiSaveAs.Enabled = true;
229        }
230    }
```

代码分析：

218　菜单项的 DropDownOpened 事件用来确定子菜单项什么时候可用什么时候不可用。

220　判断是否存在活动的子窗体。

222　若不存在活动的子窗体，则"保存"子菜单项不可用。

223　若不存在活动的子窗体，则"另存为"子菜单项不可用。

227　若存在活动的子窗体，则"保存"子菜单项可用。

228　若存在活动的子窗体，则"另存为"子菜单项可用。

(36) 父窗体"编辑"菜单的 DropDownOpened 事件。

```
231    public void tsmiEdit_DropDownOpened(object sender, EventArgs e)
232    {
233        if (this.ActiveMdiChild = = null)
234        {
235            tsmiUn.Enabled = false;
236            tsmiRe.Enabled = false;
237            tsmiCopy.Enabled = false;
238            tsmiCut.Enabled = false;
239            tsmiPaste.Enabled = false;
240            tsmiDel.Enabled = false;
241            tsmiSelectAll.Enabled = false;
```

```
242          }
243      else
244      {
245          if (tfForm.txtBox.SelectedText != "")
246          {
247              tsmiCopy.Enabled = true;
248              tsmiCut.Enabled = true;
249              tsmiDel.Enabled = true;
250          }
251          else
252          {
253              tsmiCopy.Enabled = false;
254              tsmiCut.Enabled = false;
255              tsmiDel.Enabled = false;
256          }
257          if (Clipboard.GetDataObject().GetDataPresent(DataFormats.Text)= =true)
258              tsmiPaste.Enabled = true;
259          else
260              tsmiPaste.Enabled = false;
261          if (tfForm.txtBox.CanUndo = = true)
262              tsmiUn.Enabled = true;
263          else
264              tsmiUn.Enabled = false;
265          if (tfForm.txtBox.CanRedo = = true)
266              tsmiRe.Enabled = true;
267          else
268              tsmiRe.Enabled = false;
269          if (tfForm.txtBox.Text != "")
270              tsmiSelectAll.Enabled = true;
271          else
272              tsmiSelectAll.Enabled = false;
273      }
274  }
```

代码分析：

233　若不存在活动的子窗体，则"编辑"菜单下的所有子菜单项不可用。

245　若存在活动的子窗体并且文本框中有选中的文本，则"剪切"、"复制"、"删除"子菜单项可用。

251　若存在活动的子窗体并且文本框中有选中的文本，则"剪切"、"复制"、"删除"子菜单项不可用。

257　判断当前系统剪贴板是否存在可以粘贴的文本数据。

258　若当前系统剪贴板存在可以粘贴的文本数据，则"粘贴"子菜单项可用。

260　若当前系统剪贴板不存在可以粘贴的文本数据，则"粘贴"子菜单项不可用。

261　判断是否能撤销前一个操作。

262　若能撤销前一个操作，则"撤销"子菜单项可用。

264　若不能撤销前一个操作，则"撤销"子菜单项不可用。

265　判断是否能对撤销的操作重新应用。

266　若能对撤销的操作重新应用，则"恢复"子菜单项可用。

268　若不能对撤销的操作重新应用，则"恢复"子菜单项不可用。

269　判断文本框内的文本是否为空。

270　若文本框内的文本内容不为空，则"全选"子菜单项可用。

272　若文本框内的文本内容为空，则"全选"子菜单项不可用。

(37) 父窗体"格式"菜单的 DropDownOpened 事件。

```
275    private void tsmiFormat_DropDownOpened(object sender, EventArgs e)
276    {
277        if (this.ActiveMdiChild == null)
278        {
279            tsmiWordWrap.Enabled = false;
280            tsmiFont.Enabled = false;
281            tsmiColor.Enabled = false;
282        }
283        else
284        {
285            tsmiWordWrap.Enabled = true;
286            tsmiFont.Enabled = true;
287            tsmiColor.Enabled = true;
288        }
289    }
```

代码分析：

277　若不存在活动的子窗体，则"格式"下所有子菜单项"自动换行"、"字体"、"颜色"不可用。

283　若存在活动的子窗体，则"格式"下所有子菜单项"自动换行"、"字体"、"颜色"可用。

(38) 在子窗体类中定义各个成员变量。

```
290    public string tempFilePath = "无标题";
291    public string tempFile = "";
```

代码分析：

290　该变量用于存储打开或保存文件时的路径。

291　该变量用于存储打开或保存文件时 RichTextBox 的文本内容。

(39) 子窗体 RichTextBox 的 MouseDown 事件。

```
292    private void txtBox_MouseDown(object sender, MouseEventArgs e)
293    {
294        if (e.Button = = MouseButtons.Right)
295            this.txtBox.ContextMenuStrip = this.contextMenuStrip1;
296    }
```

代码分析：

294　判断是否在 RichTextBox 中按下鼠标右键。

295　若在 RichTextBox 中按下鼠标右键，则设置文本框的快捷菜单为编辑菜单。

(40) 子窗体菜单"粘贴"的单击事件。

```
297    private void tsmiPaste_Click(object sender, EventArgs e)
298    {
299        Notepad.npForm.tsmiPaste_Click(sender, e);
300    }
```

代码分析：

299　使用静态父窗体对象 npForm 调用主窗体的"粘贴"子菜单项，余下的"剪切"、"复制"、"删除"、"全选"、"撤销"、"恢复"使用相同方法调用。

(41) 子窗体快捷菜单打开时子菜单能否使用的判断。

```
301    private void contextMenuStrip1_Opened(object sender, EventArgs e)
302    {
303        if (txtBox.SelectedText != "")
304        {
305            tsmiCopy.Enabled = true;
306            tsmiCut.Enabled = true;
307            tsmiDel.Enabled = true;
308        }
309        else
310        {
311            tsmiCopy.Enabled = false;
312            tsmiCut.Enabled = false;
313            tsmiDel.Enabled = false;
314        }
315        if (Clipboard.GetDataObject().GetDataPresent(DataFormats.Text))
316            tsmiPaste.Enabled = true;
317        else
318            tsmiPaste.Enabled = false;
319        if (txtBox.CanUndo = = true)
320            tsmiUn.Enabled = true;
321        else
```

```
322              tsmiUn.Enabled = false;
323          if (txtBox.CanRedo = = true)
324              tsmiRe.Enabled = true;
325          else
326              tsmiRe.Enabled = false;
327          if (txtBox.Text != "")
328              tsmiAll.Enabled = true;
329          else
330              tsmiAll.Enabled = false;
331      }
```

(42) 子窗体的 FormClosing 事件。

```
332   private void TextForm_FormClosing(object sender, FormClosingEventArgs e)
333   {
334       if (e.CloseReason != CloseReason.MdiFormClosing)
335       {
336           Notepad.npForm.Change(sender, e);
337           if (Notepad.npForm.result = = DialogResult.Cancel)
338               e.Cancel = true;
339       }
34-   }
```

代码分析：

334 判断子窗体关闭是否是由于父窗体正在关闭中。

336 若使子窗体关闭是由于父窗体正在关闭中，则调用静态父窗体对象 npForm 的 Change 方法。

337 判断消息框显示时是否按下"取消"按钮。

338 若是，则取消子窗体的关闭。

Ⅱ.2.3   知识库

1. MDI 窗体

在 MDI 界面中，可以同时在多个子窗体中操作多个文档，如 Microsoft Word 即为 MDI 界面的应用程序。

在 MDI 窗体中，所有的子窗体均显示在父窗体的区域内；若子窗体包含菜单，则该菜单会自动被合并到父窗体的主菜单中，而子窗体本身不显示菜单。

创建一个窗体后，只需把窗体对象的 IsMdiContainer 属性设置为 True，即可创建一个 MDI 主窗体，而子窗体只需在创建对象实例时将窗体对象的 MdiParent 属性设置为主窗体的对象实例即可。

2. Clipboard

Clipboard 就是所谓的剪贴板。Clipboard 类是一个密封类，无法被继承，此类的主要功能就是存取剪贴板中的数据。

将数据存放到剪贴板中需用 SetDataObject()，即：

```
Clipboard.SetDataObject(RichTextBox1.SelectedText)
```

从剪贴板读取数据的方法如下：

(1) 判断剪贴板中的数据类型是否为所要数据类型，使用 IdataObject 接口，用以存放从剪贴板中读取的数据。通过 IdataObject 接口的方法 GetDataPresent() 来判断是否为符合自己需要的数据类型。

(2) 通过 Clipboard 类的 GetDataObject() 把当前剪贴板中的数据存放到 IdataObject 接口中，但 IdataObject 接口数据不能直接被程序使用，必须通过 IdataObject 接口的 GetData() 获得数据，此时 GetData() 的返回值是一个 Object 类型变量，必须进行拆箱操作。

即从剪贴板中读取数据的方法是：

```
Clipboard.GetDataObject().GetDataPresent(DataFormats.Text)
```

3. ToolStripDropDownItem.DropDownOpened 事件

该事件为.NET Framework 2.0 版新增事件，为菜单项的子菜单打开之后触发的操作。

Ⅱ.3 任务三："我的 MDI 记事本"的修饰——皮肤

Ⅱ.3.1 功能描述

在本例中将通过手动添加皮肤 SkinEngine 控件，实现"我的 MDI 记事本"的窗体个性设计。

Ⅱ.3.2 设计步骤及要点解析

(1) 添加控件到工具箱中。在 Visual Studio 2005 工具箱上右击，选择"选择项"，在弹出的"选择工具箱项"选项卡中点击"浏览"，找到 IrisSkin2.dll 存放的位置，双击，此时会发现多了个"SkinEngine"，点击"确定"按钮。

(2) 将皮肤文件*.ssk 添加到 bin 文件夹下的 Debug 文件夹下。

(3) 添加控件 SkinEngine 到应用程序中，将该控件从工具箱中拖放于窗体上。

(4) 在当前窗体类的构造函数的 InitializeComponent() 方法后添加如下语句：

```
skinEngine1.SkinFile = "Calmness.ssk";
```

即：

```
1  public partial class Mytext : Form
2  {
3      public Mytext()
4      {
5          InitializeComponent();
6          skinEngine1.SkinFile = "Calmness.ssk";
```

```
7        }
8   }
```

代码分析：

6　设置该窗体的皮肤是"Calmness.ssk"。

Ⅱ.3.3　知识库

皮肤是第三方控件在.NET 应用程序中的一种应用，它可以使得应用程序的窗体变得更加漂亮更具个性。

项目三   学生管理系统

❖ **项目需求**
  ■ 学生管理系统的界面以及断开模式实现数据库操作
  ■ 登录界面
  ■ 主界面的系统菜单(重新登录、退出)和管理菜单(学生管理、班级管理)
  ■ 学生管理界面和班级管理界面
❖ **项目技能目标**
  ■ 能够使用基本控件设计窗体界面
  ■ 能够使用数据适配器 SqlDataAdapter 控件进行数据的导入与更新
  ■ 能够将数据集 DataSet 中的数据显示在 DataGridView 中
  ■ 能够对数据集 DataSet 中的数据进行增加、删除、修改
  ■ 能够进行数据的查询
❖ **项目成果目标**
  ■ 编码量达 230 行
❖ **项目专业词汇**
  SqlConnection：连接控件
  SqlDataAdapter：数据适配器
  DataSet：数据集
  DataRow：数据行
  C/S 架构：客户端/服务器架构

III.1   任务一：“学生管理系统”各窗体设计

III.1.1   功能描述

在本项目中，将通过使用工具箱中的文本框、按钮等控件，实现“学生管理系统”的登录界面和学生管理界面。

III.1.2   设计步骤

(1) 打开 Microsoft Visual Studio 2005，单击“创建：项目”，项目类型选择 Visual C#，模板选择 Windows 应用程序，项目名称输入 StudentSys，位置根据自己需要选择设定，单击“确定”按钮。

(2) 单击 Form1，在解决资源管理器中将 Form1.cs 改为 LoginForm.cs，在属性窗口修改 Text 属性为"学生管理系统"，修改 StartPosition 属性为 CenterScreen。

(3) 在工具箱中拖放两个 Label 控件、两个 TextBox 控件和两个按钮控件到 LoginForm 中，在属性窗口中修改 Name 和 Text 属性，如表Ⅲ.1 所示，完成的界面如图Ⅲ.1 所示。

表Ⅲ.1　登录窗体控件列表

控件名称	代表意义	Name 属性	Text 属性	其它属性
Label	显示用户名	lblUser	用户名：	
Label	显示密码	lblPassword	密码：	
TextBox	输入用户名	txtUser		
TextBox	输入密码	txtPassword		PasswordChar 属性设为*
Button	确定按钮	btnEnter	确定	
Button	取消按钮	btnCancel	取消	

图Ⅲ.1　登录界面

(4) 在 StudentSys 项目中添加一个 Windows 窗体，命名为 StudentForm。在该窗体中添加如表Ⅲ.2 所示的控件。用户可根据个人习惯设定窗体背景颜色或者背景图片。

表Ⅲ.2　学生管理窗体控件列表

控件名称	代表意义	Name 属性	Text 属性	其它属性
GroupBox	容纳简单绑定控件(文本框)	gbStudentInfo	学生信息	
GroupBox	容纳操作控件	gbOpeartion	操作	
GroupBox	容纳添加记录所需的控件	gbAdd	添加记录	
TextBox	学生编号绑定	txtStuNo		
TextBox	学生姓名绑定	txtStuName		
TextBox	学生生日绑定	txtBirthday		
TextBox	学生地址绑定	txtAddress		

续表

控件名称	代表意义	Name 属性	Text 属性	其它属性
TextBox	学生电话绑定	txtTelephone		
TextBox	入学时间绑定	txtInTime		
TextBox	班级编号绑定	txtClass		
TextBox	新增学生编号	tbStuNo		
TextBox	新增学生姓名	tbStuName		
TextBox	新增学生生日	tbBirthday		
TextBox	新增学生地址	tbAddress		
TextBox	新增学生电话	tbTelephone		
TextBox	新增入学时间	tbInTime		
TextBox	新增学生班级编号	tbClass		
ComboBox	搜索条件	cboSearch		Items 属性设置为学号、姓名、出生日期、籍贯、地址、电话号码、入学时间、班级
TextBox	搜索内容	txtSearch	搜索	
Button	修改学生信息	btnUpdate	修改	
Button	删除学生信息	btnDelete	删除	
Button	添加学生信息	btnAdd	添加	
DataGridView	显示学生信息	dgView		

学生管理窗体界面如图Ⅲ.2 所示。

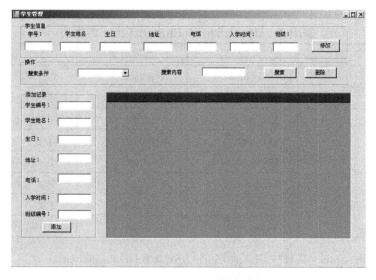

图Ⅲ.2　学生管理窗体界面

步骤解析：

(2) 将窗体的 StartPosition 属性设置为 CenterScreen，其目的是使得窗体运行后能显示在屏幕的中间位置。

(3) 各控件的命名是根据 .NET 2005 控件命名规范命名的，如表Ⅲ.3 所示。

表Ⅲ.3 控件的命名

控件类型	缩 写	范 例
Label	Lbl	lblUser
TextBox	Txt	txtUser
Button	Btn	btnEnter

(4) 使用 Panel 控件，其目的是为了更好地进行布局，便于控件的统一管理；使用 DataGridView 是要进行数据的复杂绑定，将数据库中的数据显示出来；而使用 TextBox 进行数据的简单绑定，是为了定位记录。

Ⅲ.2 任务二："登录窗体"数据库连接操作的功能实现

Ⅲ.2.1 功能描述

在"登录窗体"中，通过合法的用户名和密码登录数据库。

Ⅲ.2.2 功能步骤及代码解析

(1) 在 SqlServer 2000 中，创建名为"学生管理系统"的数据库，其中包含两张数据表：UserTable 和 StudentTable。UserTable 用于记录合法的用户名和密码，StudentTable 用于记录学生记录。具体字段设置如表Ⅲ.4 所示。

表Ⅲ.4 UserTable 和 StudentTable 数据表

表 名	字 段 名	数据类型	代表意义
UserTable	UserName	Nvarchar	用户名
	Password	Nvarchar	密码
StudentTable	StuNo	Nvarchar	学号
	StuName	Nvarchar	姓名
	Born	Datetime	出生日期
	Telphone	Nvarchar	电话号码
	Address	Nvarchar	地址
	Time	Datetime	入学时间

(2) 在 LoginForm.cs 文件中引入命名空间 System.Data.SqlClient。

(3) 在按钮 btnEnter 中添加如下代码：

```
1    SqlConnection con = new SqlConnection("Data Source=.;Initial Catalog=学生管理系统;Integrated
     Security=True");
2    string sqlStr = string.Format ("select count(*) from UserTable where UserName='{0}' and Password
     ='{1}'",txtUserName.Text ,txtPassword.Text );
3    SqlCommand com = new SqlCommand(sqlStr, con);
4    con.Open();
5    int result = (int)com.ExecuteScalar();
6    con.Close();
7    if (result = = 1)
8    {
9          StuForm stuForm = new StuForm();
10           stuForm.Show();
11   }
12   else
13   {
14           MessageBox.Show("用户名或者密码错误！请重新输入！");
15   }
```

代码分析：

1　创建一个 SqlConnection 连接对象 con，用于建立与 Sql 数据库的连接。括号中的参数为字符串类型，代表连接字符串的内容。其中，DataSource 代表服务器名；Initial Catalog 代表数据库名；Integrated Security 代表验证模式。

2　创建一个字符串类型的变量，代表用于数据查询的 T-SQL 语句，其中{0}和{1}分别代表用户名和密码的占位符。

3　创建一个 SqlCommand 命令对象 com，用于执行对数据库数据的操作。需要设定两个参数值。在此例中，com 对象用于查询数据库数据，其中 sqlStr 代表查询语句，con 代表所建立的连接。

4　打开数据库连接。

5　调用 com 对象的 ExecuteScalar()方法执行查询操作，返回一个对象类型，并将其转换为整型数据，赋值给 result。

6　关闭数据库连接。

7　对 result 的值进行判断：如果等于 1，则代表 UserTable 表中有符合条件的数据，即存在合法的用户名和密码；如果不等于 1，则代表用户名和密码错误。

8　如果存在合法的用户名和密码，则实例化 StuForm，并调用 Show()方法将其显示出来。

Ⅲ.2.3　知识库

1. SqlConnection

SqlConnection 类用于连接 SQL 数据库。connectionString 属性用于设定连接字符串，其中 DataSource 为数据库名，Initial Catalog 为连接数据库名，Integrated Security 为验证模式。SqlConnection 的 Open()方法用于打开数据库连接，Close()方法用于关闭数据库连接。

2．SqlCommand

SqlCommand 类用于执行对数据库数据的增删改查操作。其中，CommandText 属性为要执行命令的 T-SQL 语句或者存储过程的名字；ExecuteNonQuery()方法用于执行增加、删除、修改的操作；ExecuteReader()方法用于执行查询操作，查询返回结果为 SqlDataReader 类型的对象；ExecuteScalar()方法也用于执行查询操作，其与 ExecuteReader()的区别在于返回类型为 object 类型对象。

Ⅲ.3 任务三："学生管理系统"增删改查操作的实现

Ⅲ.3.1 功能描述

在学生管理窗体中，实现新增记录、删除记录、修改记录以及根据不同的条件查询数据。

Ⅲ.3.2 设计步骤及代码解析

(1) 在"工具"菜单中，选择"选择工具箱项"。在".Net Framework 组件"选项卡中，选择 SqlConnection、SqlDataAdapter。

(2) 在左侧工具箱中，出现 SqlConnection、SqlDataAdapter 控件。拖动 SqlConnection 控件到 StuForm 中，设置其 Name 属性为 StuCon，并设置其 ConnectionString 属性。点击右侧的展开按钮，弹出"添加连接"窗体，如图Ⅲ.3 所示。

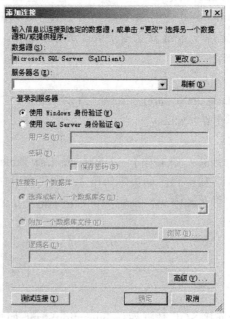

图Ⅲ.3 "添加连接"窗体

(3) 在"添加连接"窗体中，设定所要连接的服务器、数据库以及验证模式。设定服务器名为 localhost，数据库名为"学生管理系统"，登录服务器模式为"使用 Windows 身份验证"。设定完成后，测试连接，如出现成功提示窗体(如图Ⅲ.4 所示)，则代表连接成功。

图Ⅲ.4 测试成功提示窗体

(4) 拖动 SqlDataAdapter 控件(数据适配器)到窗体中，会出现"数据适配器配置向导"窗体，如图Ⅲ.5 所示。选择所需要的连接，在本例中为"学生管理系统.dbo"，单击"下一步"按钮，出现如图Ⅲ.6 所示的窗体，用于生成对数据库数据进行操作的 T-SQL 语句。单击"查询分析器"按钮，出现如图Ⅲ.7 所示的窗体，选择 StudentTable(注意，一个数据适配器对应一张数据表)，并单击"添加"按钮，出现如图Ⅲ.8 所示的窗体，用于选择数据表中所需的数据列。单击"下一步"按钮，进入"向导结果"窗体，如图Ⅲ.9 所示。需要注意的是，这里提示数据适配器配置成功，并有 5 条详细信息，只有当 Select、Update、Insert、Delete 语句以及表映射生成成功时，才能正确地对数据库数据进行操作。将此控件改名为 StuDataAdapter。

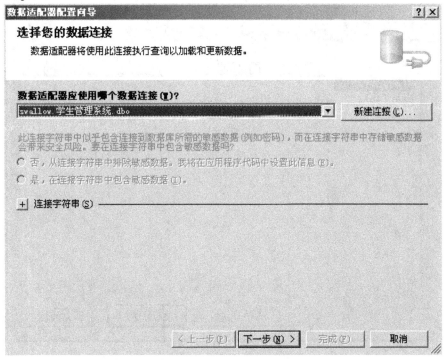

图Ⅲ.5 数据适配器配置向导——选择您的数据连接

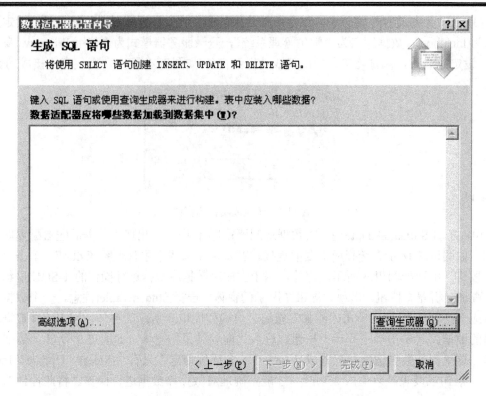

图Ⅲ.6　数据适配器配置向导——生成 SQL 语句

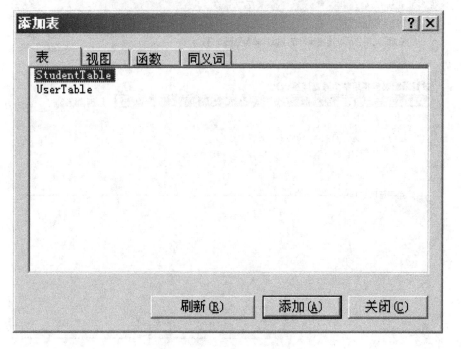

图Ⅲ.7　查询生成器——添加表

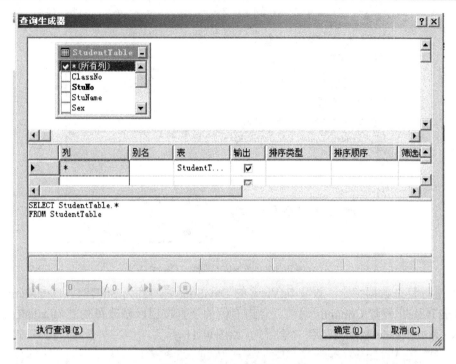

图Ⅲ.8 查询生成器主界面

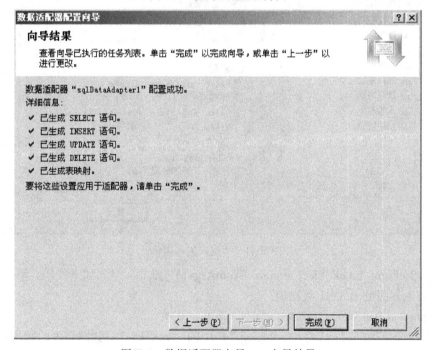

图Ⅲ.9 数据适配器向导——向导结果

(5) 选定 sqlDataAdapter1,单击右键,选择"生成数据集",出现"生成数据集"窗体,如图Ⅲ.10 所示。这里由 StuDataAdapter 数据适配器生成一个数据集 StuDS,数据集用来临时存储数据库内的数据。

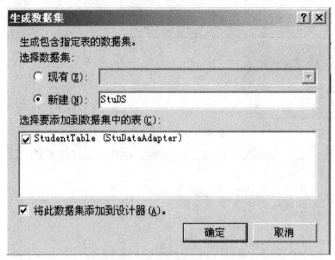

图Ⅲ.10　"生成数据集"窗体

(6) 进行复杂数据绑定。设置 dgView 的 DataSource 属性为 StuDS1，DataMember 属性为 StudentTable。设置 Columns 属性，点击右侧的展开按钮，修改每列的 HeaderText 属性，如 StuNo 列的 HeaderText 修改为"学号"，如图Ⅲ.11 所示。

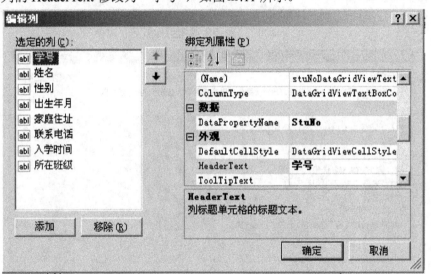

图Ⅲ.11　"编辑列"窗体

(7) 在 StuForm_Load(object sender，EventArgs e)方法中，写入如下代码，用于将数据库中的内容导入界面的 stuDS1 数据集：

```
this.StuDataAdapter.Fill(stuDS1);
```

(8) 进行简单数据绑定。将"学生信息"组中的文本框控件与数据集内的数据进行绑定，如将 txtStuNo 的 DataBindings 中的 Text 属性设置为 stuDS1 中的 studentTable 中 StuNo 列。

(9) 在 btnAdd 按钮单击事件中添加相应代码，实现记录的增加。

```
1    private void btnAdd_Click(object sender, EventArgs e)
2    {
```

```
3          try
4          {
5                  DataRow dr = stuDS1.Tables["studentTable"].NewRow();
6                  dr["StuNo"] = tbStuNo.Text.Trim();
7                  dr["StuName"] = tbStuName.Text.Trim();
8                  dr["Born"] = tbBirthday.Text.Trim();
9                  dr["ClassNo"] = tbClassNo.Text.Trim();
10                 dr["Telphone"] = tbTelphone.Text.Trim();
11                 dr["Time"] = tbInTime.Text.Trim();
12                 dr["Address"] = tbAddress.Text.Trim();
13                 stuDS1.Tables["studentTable"].Rows.Add(dr);
14                 MessageBox.Show("添加成功！ ");
15
16         }
17         catch (Exception ex)
18         {
19                 MessageBox.Show(ex.Message );
20         }
21   }
```

代码分析：

1　添加按钮的单击事件。

3　进行异常处理。

5　在 stuDS1 数据集中的 studentTable 数据表中，创建一个新的空行 dr。

6　将 tbStuNo 文本框的内容赋值给数据行 dr 的 "StuNo" 列。

7　将 tbStuName 文本框的内容赋值给数据行 dr 的 "StuName" 列。

8　将 tbBirthday 文本框的内容赋值给数据行 dr 的 "Born" 列。

9　将 tbClassNo 文本框的内容赋值给数据行 dr 的 "ClassNo" 列。

10　将 tbTelphone 文本框的内容赋值给数据行 dr 的 "Telphone" 列。

11　将 tbInTime 文本框的内容赋值给数据行 dr 的 "Time" 列。

12　将 tbAddress 文本框的内容赋值给数据行 dr 的 "Address" 列。

13　将数据行 dr 添加到 stuDS1 数据集中的 studentTable 数据表中。

14　提示 "添加成功！"。

17~19　如果出现异常，则提示异常信息。

(10) 在 btnDelete 按钮单击事件中添加相应的代码，实现记录的删除。

```
1    private void btnDelete_Click(object sender, EventArgs e)
2    {
3        try{
4            DataRow dr =stuDS1.Tables["studentTable"].Rows[this.dgView.CurrentRow.Index];
5            dr.Delete();
```

```
6                MessageBox.Show("删除成功！");
7            }
8        catch (Exception ex)
9        {
10                MessageBox.Show(ex.Message);
11        }
12   }
```

代码分析：

1　　删除按钮的单击事件。

4　　创建一个 DataRow 变量 dr，将 dgView 中选中的数据行赋值给 dr。

5　　调用 Delete()方法，将 dr 从数据表中删除。

6　　提示删除成功。

(11) 在 btnUpdate 按钮单击事件中添加相应的代码，实现数据集中记录的更新。

```
1   private void btnUpdate_Click(object sender, EventArgs e)
2   {
3       try
4       {
5               DataRow dr = stuDS1.Tables["studentTable"].Rows[this.dgView.CurrentRow.Index];
6               dr.BeginEdit();
7               dr["StuNo"] = txtStuNo.Text.Trim();
8               dr["StuName"] = txtStuName.Text.Trim();
9               dr["Born"] = txtBirthday.Text.Trim();
10              dr["ClassNo"] = txtClassNo.Text.Trim();
11              dr["Telphone"] = txtTelphone.Text.Trim();
12              dr["Time"] = txtInTime.Text.Trim();
13              dr["Address"] = txtAddress.Text.Trim();
14              dr.EndEdit();
15              MessageBox.Show("修改成功！");
16          }
17      catch (Exception ex)
18      {
19              MessageBox.Show(ex.Message);
20      }
21   }
```

代码分析：

1　　修改按钮的单击事件。

5　　创建一个 DataRow 变量 dr，将 dgView 中选中的数据行赋值给 dr。

6　　开始编辑数据行。

7　　将 txtStuNo 文本框的内容赋值给数据行 dr 的 "StuNo" 列。

8　将 txtStuName 文本框的内容赋值给数据行 dr 的"StuName"列。

9　将 txtBirthday 文本框的内容赋值给数据行 dr 的"Born"列。

10　将 txtClassNo 文本框的内容赋值给数据行 dr 的"ClassNo"列。

11　将 txtTelphone 文本框的内容赋值给数据行 dr 的"Telphone"列。

12　将 txtInTime 文本框的内容赋值给数据行 dr 的"Time"列。

13　将 txtAddress 文本框的内容赋值给数据行 dr 的"Address"列。

14　结束数据行的编辑。

(12) 在下拉菜单的选择事件中添加如下代码，以确定查询条件的字段(需先声明一个 string 类型的变量 columnName)。

```
1   switch (cboSearch.SelectedItem .ToString())
2   {
3       case "学号": columnName = "StuNo"; break;
4       case "姓名": columnName = "StuName"; break;
5       case "生日": columnName = "Born"; break;
6       case "班级": columnName = "ClassNo"; break;
7       case "地址": columnName = "Address"; break;
8       case "电话号码": columnName = "Telphone"; break;
9       case "入学时间": columnName = "Time"; break;
10          default: columnName = ""; break;
11  }
```

代码分析：

1　采用 switch 结构，以下拉框被选择的项作为表达式。

3　如果所选择的项为"学号"，那么将 StudentTable 表中的"StuNo"字段名赋值给 columnName。

4　如果所选择的项为"姓名"，那么将 StudentTable 表中的"StuName"字段名赋值给 columnName。

5　如果所选择的项为"生日"，那么将 StudentTable 表中的"Born"字段名赋值给 columnName。

6　如果所选择的项为"班级"，那么将 StudentTable 表中的"ClassNo"字段名赋值给 columnName。

7　如果所选择的项为"地址"，那么将 StudentTable 表中的"Address"字段名赋值给 columnName。

8　如果所选择的项为"电话号码"，那么将 StudentTable 表中的"Telphone"字段名赋值给 columnName。

9　如果所选择的项为"入学时间"，那么将 StudentTable 表中的"Time"字段名赋值给 columnName。

10　其它情况，columnName 的值取空值。

(13) 在查询按钮单击事件中添加如下代码，实现数据的模糊查询。

```
1   private void btnSearch_Click(object sender, EventArgs e)
```

2　　　{

3　　　　　　　string sqlStr = string.Format("select * from StudentTable where {0}　　　like '%{1}%'", columnName,

　　　　　　　　txtSearch.Text.Trim());

4　　　　　　　this.StuDataAdapter.SelectCommand.CommandText = sqlStr;

5　　　　　　　stuDS1.Clear();

6　　　　　　　this.StuDataAdapter.Fill(stuDS1);

7　　　}

代码分析：

1　　　查询按钮单击事件。

3　　　声明一个字符串类型变量 sqlStr，将代表查询语句的 T-SQL 语句的字符串赋值给
　　　sqlStr，其中{0},{1}是占位符。{0}代表字段名，{1}代表所要查询的内容。

4　　　将 sqlStr 赋值给 StuDataAdapter 数据适配器的查询命令 SelectCommand 的
　　　CommandText 属性。

5　　　清空 stuDS1 数据集。

6　　　重新填充数据集 stuDS1。

Ⅲ.3.3　知识库

1. DataSet

DataSet 数据集是一个中间存储容器，其主要作用是暂时存储从数据库中读取的数据。
一个数据集中可以包含多张数据表。

2. SqlDataAdapter

SqlDataAdapter 类是数据库与数据集的桥梁。SqlDataAdapter 类中的 Fill()方法用于将数
据库的数据读取出来，填充到数据集。SqlDataAdapter 类中的 Update()方法用于将更改后的
DataSet 中的数据重新回写入数据库。

3. DataGridView

DataGridView 类是用于显示数据表信息的控件，其中，DataSource 属性为绑定的数据
源，需将其设置为某个数据集对象；DataMember 属性为绑定的数据表，需将其设置为某个
数据表对象；Columns 属性为显示的数据表的列的集合。

项目四 考试管理系统

❖ 项目需求
■ 考试管理系统的界面以及连接模式实现数据库操作
■ 登录界面
■ 管理员界面，包括用户管理菜单
■ 查询学员界面、学员列表界面、添加新学员界面
❖ 项目技能目标
■ 能够使用基本控件设计窗体界面
■ 能够使用数据连接类 SqlConnection 连接数据库
■ 能够将数据库中的数据通过数据读取类 SqlDataReader 显示在 ListView 中
■ 能够使用命令类 SqlCommand 对数据库中的数据进行增加、删除、修改
■ 能够进行数据的模糊查询
❖ 项目成果目标
■ 编码量达 523 行
❖ 项目专业词汇
SqlCommand：命令类
SqlDataReader：数据读取类

Ⅳ.1 任务一："考试管理系统"各窗体设计

Ⅳ.1.1 功能描述

在本例中，我们将通过使用工具箱中的文本框、按钮等控件，实现 "考试管理系统"的登录界面和学员管理界面。

Ⅳ.1.2 各窗体设计步骤及技术要点分析

(1) 打开 Microsoft Visual Studio 2005，创建一个 Windows 应用程序，项目名称输入 MySchool，位置根据自己需要选择设定，单击"确定"按钮。

(2) 单击 Form1，在解决方案资源管理器中将 Form1.cs 改为 LoginForm.cs，在属性窗口修改 Tex 属性为"考试管理系统"，修改 IsMdiContainer 属性为 True。

(3) 在工具箱中拖放四个 Label 控件、两个 TextBox 控件、一个 ComboBox 和两个按钮控件到 LoginForm 中。在属性窗口中修改各控件的 Name 和 Text 属性，如表Ⅳ.1 所示。完成界面如图Ⅳ.1 所示。

表Ⅳ.1   登录窗体控件列表

控件名称	代表意义	Name 属性	Text 属性	其它属性
Label	显示系统名	lblSystem	考试管理系统	
Label	显示用户名	lblUser	用户名	
Label	显示密码	lblPassword	密码	
Label	显示身份	lblType	身份	
TextBox	输入用户名	txtUser		
TextBox	输入密码	txtPassword		PasswordChar 属性设为*
ComboBox	选择身份	cboLoginType		Items 属性设为"教员、学员、管理员"
Button	确定按钮	btnLogin	登录	
Button	取消按钮	btnCancel	取消	

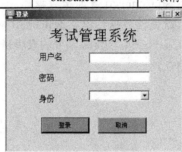

图Ⅳ.1   登录界面

(4) 在 MySchool 项目中添加一个 Windows 窗体，命名为 AdminForm。在窗体中添加如表Ⅳ.2 所示的控件。

表Ⅳ.2   AdminForm 中添加的控件

控件名称	代表意义	Name 属性	Text 属性
ToolStripMenuItem	用户管理菜单	tsmiUser	用户管理
ToolStripMenuItem	新增用户菜单项	tsmiNewUser	新增用户
ToolStripMenuItem	新增学员用户菜单项	tsmiNewStudent	新增学员用户
ToolStripMenuItem	查询修改学员菜单项	tsmiSearchStudent	查询及修改学员
ToolStripMenuItem	用户信息列表菜单项	tsmiUserList	用户信息列表
ToolStripMenuItem	学员信息列表菜单项	tsmiStudentList	学员信息列表
ToolStripMenuItem	退出菜单项	tsmiExit	退出
ToolStripDropDownButton	新增用户下拉按钮	tsddbNewUser	新增用户
ToolStripMenuItem	新增学员用户菜单项	tsbtnNewStudent	新增学员用户
ToolStripButton	查询及修改学员工具栏按钮	tsbtnSearchStudent	查询及修改学员
ToolStripButton	学员信息列表	tsbtnStudentList	学员信息列表

AdminForm 窗体界面如图Ⅳ.2 所示。

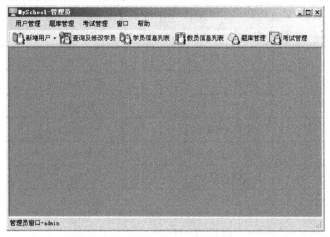

图Ⅳ.2 AdminForm 窗体界面

(5) 在 MySchool 项目中添加一个 Windows 窗体，命名为 StudentListForm。将窗体的 Text 属性设置为"学员信息列表"。在窗体中添加如表Ⅳ.3 所示的控件。

表Ⅳ.3 StudentListForm 中添加的控件

控件名称	代表意义	Name 属性	Text 属性
Label	筛选条件	lblSearch	按性别筛选
ComboBox	筛选选项	cboSex	
Button	查询按钮	btnReFill	筛选
DataGridView	显示查询内容	dgvStudent	
Button	保存修改按钮	btnUpdate	保存修改
Button	刷新按钮	btnRefresh	刷新
Button	关闭按钮	btnClose	关闭

StudentListForm 窗体界面如图Ⅳ.3 所示。

图Ⅳ.3 StudentListForm 窗体界面

(6) 在 MySchool 项目中添加一个 Windows 窗体，命名为 SearchStudentForm。将窗体的 Text 属性设置为"查找学员用户"。在窗体中添加如表Ⅳ.4 所示的控件。

表Ⅳ.4　SearchStudentForm 中添加的控件

控件名称	代表意义	Name 属性	Text 属性
Label	显示用户名	lblLoginID	用户名
TextBox	输入用户名	txtLoginId	
Label	提示查询功能	lblComment	(支持模糊查找)
ListView	显示查找内容	lvStudent	
Button	关闭按钮	btnClose	关闭
ContextMenuStrip	右键菜单	cmsStudent	

还需将 lvStudent 的 Columns 属性进行修改。进入 ColumnHeader 集合编辑器界面，如图Ⅳ.4 所示，添加四列，列名分别为 chLoginID、chStudentName、chStudentNO 和 chUserState，并将 chLoginID 的 Text 属性设置为"用户名"，chStudentName 的 Text 属性设置为"姓名"，chStudentNO 的 Text 属性设置为"学号"，chUserState 的 Text 属性设置为"用户状态"。右键菜单 cmsStudent 包含两个 ToolStripMenuItem，分别为 mnuModify 和 mnuDelete，其 Text 属性分别为"修改用户状态"和"删除"。mnuModify 菜单下还包含两个 ToolStripMenuItem，分别为 MnuActive 和 MnuInActive，其 Text 属性分别为"活动"和"非活动"。SearchStudentForm 窗体界面如图Ⅳ.5 所示。

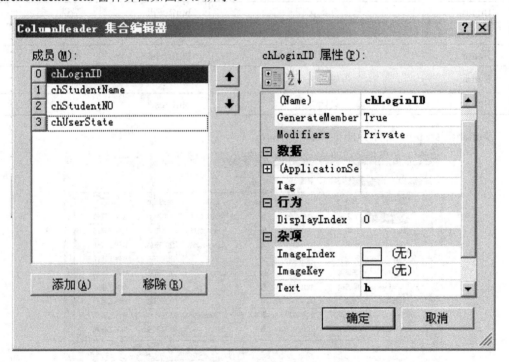

图Ⅳ.4　ColumnHeader 集合编辑器界面

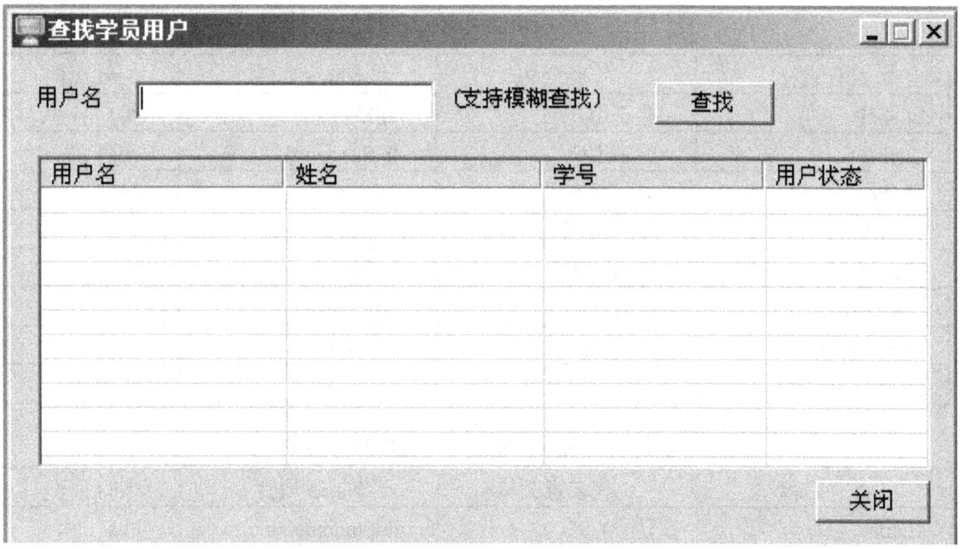

图Ⅳ.5 SearchStudentForm 窗体界面

(7) 在 MySchool 项目中添加一个 Windows 窗体，命名为 AddStudentForm。将窗体的 Text 属性设置为"创建学员用户"。在窗体中添加两个按钮，btnSave 和 btnClose，分别设置其 Text 属性为"保存"和"关闭"。添加 TabControl 控件，命名为 tabNewStudent，并设置其 TabPages 属性。进入 TabPage 集合编辑器界面，如图Ⅳ.6 所示，点击"添加"按钮，添加两个 TabPage 页，并将其重命名为 tpRegisterInfo 和 tpBaseInfo，分别设置两个 TabPage 页的 Text 属性为"用户注册信息"和"用户基本信息"。在 tpRegisterInfo 和 tpBaseInfo 页面中添加控件，具体如表Ⅳ.5 和表Ⅳ.6 所示。AddStudentForm 界面如图Ⅳ.7 和图Ⅳ.8 所示。

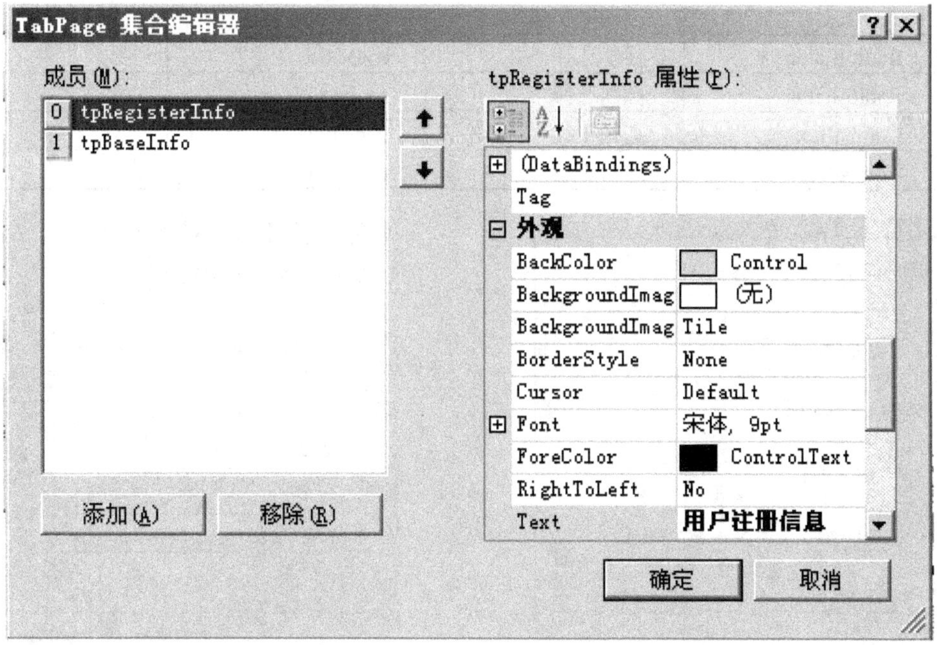

图Ⅳ.6 TabPage 集合编辑器

表IV.5　tpRegisterInfo 中添加的控件

控件名称	代表意义	Name 属性	Text 属性
Label	显示用户名	lblUser	用户名
Label	显示密码	lblPassword	密码
Label	显示状态	lblState	状态
TextBox	输入用户名	txtLoginId	
TextBox	输入密码	txtLoginPwd	
TextBox	确认密码	txtPwdAgain	
RadioButton	活动单选按钮	rdoActive	活动
RadioButton	非活动单选按钮	rdoInActive	非活动

表IV.6　tpBaseInfo 中添加的控件

控件名称	代表意义	Name 属性	Text 属性
Label	显示姓名	lblStudentName	姓名
Label	显示学号	lblStudentNO	学号
Label	显示电话	lblPhone	电话
Label	显示电子邮件	lblEmail	电子邮件
Label	显示性别	lblSex	性别
Label	显示年级	lblGrade	年级
Label	显示班级	lblClass	班级
TextBox	输入姓名	txtStudentName	
TextBox	输入学号	txtStudentNO	
TextBox	输入电话	txtPhone	
TextBox	输入电子邮件	txtEmail	
RadioButton	性别选择	rdoMale	男
RadioButton	性别选择	rdoFemale	女
ComboBox	选择年级	cboGrade	
ComboBox	选择班级	cboClass	

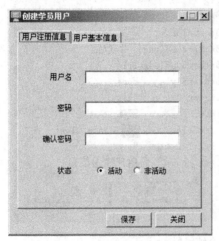

图IV.7　用户注册信息

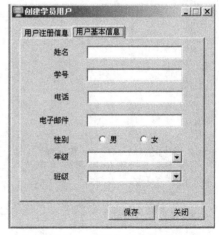

图IV.8　用户基本信息

Ⅳ.2 任务二:"登录界面"窗体数据库连接操作的功能实现

Ⅳ.2.1 功能描述

在"登录界面"中,通过合法的用户名、密码以及身份登录数据库。

Ⅳ.2.2 功能代码展示及功能实现技术要点分析

(1) 在 SqlServer2000 中创建名为"MySchool"的数据库,并创建六张数据表,其中 Admin 用于记录管理员信息,Class 用于记录班级信息,Grade 用于记录年级信息,Student 用于记录学生信息,Teacher 用于记录教师信息,UserState 用于记录用户状态信息。具体字段设置如表Ⅳ.7 所示(Teacher 表与 Student 表类似)。

表Ⅳ.7 MySchool 数据库中的数据库

表　名	字　段　名	数据类型	代表意义
Admin	AdminId	自动增长	管理员 ID
	LoginId	Nvarchar(50)	登录 ID
	LoginPwd	Nvarchar(50)	登录密码
Class	ClassId	自动增长	班级 ID
	ClassName	Nvarchar(50)	班级名
	GradeId	Int	年级 ID
Grade	GradeId	自动增长	年级 ID
	GradeName	Nvarchar(50)	年级名
Student	StudentId	自动增长	学生 ID
	LoginId	Nvarchar(50)	登录 ID
	LoginPwd	Nvarchar(50)	登录密码
	UserStateId	int(4)	用户状态
	ClassId	int(4)	班级 ID
	StudentNO	Nvarchar(50)	学号
	StudentName	Nvarchar(50)	学生姓名
	Sex	Nvarchar(50)	性别
	Phone	Nvarchar(50)	电话
	Address	Nvarchar(50)	家庭住址
	Email	Nvarchar(50)	邮件地址
UserState	UserStateId	自动增长	用户状态 ID
	UserState	Nvarchar(50)	用户状态

(2) 在 LoginForm.cs 中定义一个返回值为 bool 类型的方法 ValidateInput(),用于验证用

户的输入。具体代码如下：

```
1    private bool ValidateInput()
2    {
3          if (txtLoginId.Text.Trim() == "")
4          {
5                MessageBox.Show("请输入用户名", "登录提示", MessageBoxButtons.OK,
                              MessageBoxIcon.Information);
6                txtLoginId.Focus();
7                return false;
8          }
9          else if (txtLoginPwd.Text.Trim() == "")
10         {
11               MessageBox.Show("请输入密码", "登录提示", MessageBoxButtons.OK,
                              MessageBoxIcon.Information);
12               txtLoginPwd.Focus();
13               return false;
14         }
15         else if (cboLoginType.Text.Trim() == "")
16         {
17               MessageBox.Show("请选择登录类型", "登录提示", MessageBoxButtons.OK,
                              MessageBoxIcon.Information);
18               cboLoginType.Focus();
19               return false;
20         }
21         else
22         {
23               return true;
24         }
25   }
```

代码分析：

1　　　　验证用户名、密码、登录类型。

3～7　　如果文本框 txtLoginId 的内容为空，则提示"输入用户名"，文本框 txtLoginId
　　　　获得焦点，并返回 false。

9～13　 如果 txtLoginPwd 的内容为空，则提示"输入密码"，文本框 txtLoginPwd 获
　　　　得焦点，并返回 false。

15～19　如果 cboLoginType 的内容为空，则提示"选择登录类型"，下拉框 cboLoginType
　　　　获得焦点，并返回 false。

21～23　其它情况，返回 true。

(3) 在解决方案 MySchool 中添加一个新的类 DBHelper，用于维护数据库连接字符串和

Connection 对象，在 DBHelper.cs 中引入命名空间 System.Data.SqlClient。具体代码如下：

```
1    class DBHelper
2    {
3            private static string connString = "Data Source=.;Initial Catalog=MySchool;Integrated Security=true";
4            public static SqlConnection connection = new SqlConnection(connString);
5    }
```

代码分析：

1　定义数据库帮助类 DBHelper。

3　定义一个公有的静态的字符串类型变量 connString，用于存储数据库连接字符串。

4　定义一个公有的静态的 SqlConnection 类型的变量 connection，用于存储数据库连接。

(4) 在解决方案 MySchool 中添加一个新的类 UserHelper，用于存储登录用户信息，包括用户名和用户类型，具体代码如下所示：

```
1    public class UserHelper
2    {
3            public static string loginId = "";
4            public static string loginType = "";
5    }
```

代码分析：

1　定义一个 UserHelper 类。

3　定义一个公有的静态的变量 loginId，用于存储登录 ID。

4　定义一个公有的静态的变量 loginType，用于存储登录类型。

(5) 在 LoginForm.cs 中定义一个返回值为 bool 类型的方法 ValidateUser()，用于判断用户名、密码和登录类型的合法性。具体代码如下：

```
1    private bool ValidateUser(string loginId, string loginPwd, string loginType, ref string message)
2    {
3            string tableName = "";
4            bool result = true;
5            switch (loginType)
6            {
7                case "教员":
8                    tableName = "Teacher";
9                    break;
10               case "学员":
11                   tableName = "Student";
12                   break;
13               case "管理员":
14                   tableName = "Admin";
15                   break;
16               default:
```

```
17              message = "登录类型错误！";
18              result = false;
19              break;
20          }
21      string sql = string.Format( "SELECT COUNT(*) FROM {0} WHERE LoginId='{1}'
                    AND LoginPwd='{2}'",
22          tableName,loginId, loginPwd);
23      try
24      {
25          SqlCommand command = new SqlCommand(sql, DBHelper.connection);
26          DBHelper.connection.Open();
27          int count = (int)command.ExecuteScalar();
28          if (count < 1)
29          {
30              message = "用户名或密码不存在！";
31              result = false;
32          }
33          else
34          {
35              result = true;
36          }
37      }
38      catch (Exception ex)
39      {
40          message = "操作数据库出错！";
41          Console.WriteLine(ex.Message);
42          result = false;
43      }
44      finally
45      {
46          DBHelper.connection.Close();
47      }
48
49      return result;
50  }
```

代码分析：

1　　　　验证用户名、密码和登录类型的方法。

3　　　　定义一个字符串类型的变量 tableName，用于存储要查询的数据表名。

4　　　　定义一个布尔类型的变量 result，用于存储返回值。

5~20　　根据登录类型确定要查询的数据表。

21~22　定义一个字符串类型的变量 sql，用于存储查询字符串。

25　　　创建一个 SqlCommand 类型的 command。

26　　　调用 DBHelper 类的静态变量 connection 的 Open()方法打开数据库连接。

27　　　调用 command 对象的 ExecuteScalar()方法执行命令。

28~37　对返回结果进行判断，如果合法，则返回 true；如果不合法，则返回 false。

46　　　调用 DBHelper 类的 connection 对象的 Close()方法关闭数据库连接。

49　　　返回 result。

IV.2.3　知识库

1. DBHelper

DBHelper 类是一个数据库帮助类，用于实现一些数据库相关操作与信息。在本项目中，DBHelper 类创建了 SqlConnection 对象，用于建立数据库连接和存储连接字符串。

2. UserHelper

UserHelper 类是一个用户帮助类，定义了两个静态变量，用于存储用户名和用户类型。

IV.3　任务三：在 AdminForm 窗体中显示子窗体

IV.3.1　功能描述

在父窗体 AdminForm 中，显示 StudentListForm、SearchStudentForm、AddStudentForm 等子窗体。

IV.3.2　代码解析

在 AdminForm 窗体中，添加如下代码：

```
1    private void AdminForm_Load(object sender, EventArgs e)
2    {
3         this.slblAdmin.Text = this.slblAdmin.Text + "-" + UserHelper.loginId;
4    }
5    private void AdminForm_FormClosed(object sender, FormClosedEventArgs e)
6    {
7         Application.Exit();
8    }
9    private void tsmiExit_Click(object sender, EventArgs e)
10   {
```

```
11          DialogResult choice;
12          choice = MessageBox.Show("确定要退出吗？", "退出系统", MessageBoxButtons
                    .OKCancel, MessageBoxIcon.Information);
13          if (choice == DialogResult.OK)
14          {
15              Application.Exit();
16          }
17      }
18      private void tsmiNewStudent_Click(object sender, EventArgs e)
19      {
20          AddStudentForm addStudentForm = new AddStudentForm();
21          addStudentForm.MdiParent = this;
22          addStudentForm.Show();
23      }
24      private void tsmiSearchStudent_Click(object sender, EventArgs e)
25      {
26          SearchStudentForm searchStudentForm = new SearchStudentForm();
27          searchStudentForm.MdiParent = this;
28          searchStudentForm.Show();
29      }
30      private void tsmiStudentList_Click(object sender, EventArgs e)
31      {
32          StudentListForm studentListForm = new StudentListForm();
33          studentListForm.MdiParent = this;
34          studentListForm.Show();
35      }
```

代码分析：

1～4　　在 AdminForm_Load()方法中，将 UserHelper 中的 loginId 的值赋值给状态栏的标签。

5～8　　在 AdminForm_FormClosed()方法中，关闭应用程序。

9～18　　在退出菜单单击事件 tsmiExit_Click 中，跳出提示窗口，如果选择"是"，则退出应用程序。

19～24　　用户单击创建用户菜单项时，出现新建学员用户窗口，并设置其为 AdminForm 的子窗体。

26～31　　点击查询学员用户菜单项时，出现查询学员用户窗口，并设置其为 AdminForm 的子窗体。

35～38　　点击学员列表菜单项时，出现学员列表窗口，并设置其为 AdminForm 的子窗体。

IV.4 任务四：增加新的学员

IV.4.1 功能描述

在 AddStudentForm 窗体中，增加新的学员记录。

IV.4.2 设计步骤及代码解析

(1) 在 AddStudentForm 窗体中，定义一个返回值为 bool 类型的 ValidateInput()方法，用于验证用户输入的正确性。具体代码如下：

```
1    private bool ValidateInput()
2    {
3            if (txtLoginId.Text = = "")
4            {
5                    MessageBox.Show("请输入用户名", "输入提示", MessageBoxButtons.OK,
                                    MessageBoxIcon.Information);
6                    txtLoginId.Focus();
7                    return false;
8            }
9            if (txtLoginPwd.Text == "")
10           {
11                   MessageBox.Show("请输入密码", "输入提示", MessageBoxButtons.OK,
                                    MessageBoxIcon.Information);
12                   txtLoginPwd.Focus();
13                   return false;
14           }
15           if (txtPwdAgain.Text == "")
16           {
17                   MessageBox.Show("请输入确认密码", "输入提示", MessageBoxButtons.OK,
                                    MessageBoxIcon.Information);
18                   txtPwdAgain.Focus();
19                   return false;
20           }
21           if (!(txtLoginPwd.Text == txtPwdAgain.Text))
22           {
23                   MessageBox.Show("两次输入的密码不一致", "输入提示", MessageBoxButtons.OK,
                                    MessageBoxIcon.Information);
24                   txtPwdAgain.Focus();
```

```
25              return false;
26          }
27          if (!rdoActive.Checked && !rdoInactive.Checked){
28              MessageBox.Show("请设置用户的状态", "输入提示", MessageBoxButtons.OK,
                            MessageBoxIcon.Information);
29              rdoActive.Focus();
30              return false;
31          }
32          if (txtStudentName.Text == "")
33          {
34              MessageBox.Show("请输入学员姓名", "输入提示", MessageBoxButtons.OK,
                            MessageBoxIcon.Information);
35              txtStudentName.Focus();
36              return false;
37          }
38          if (txtStudentNO.Text == "")
39          {
40              MessageBox.Show("请输入学号", "输入提示", MessageBoxButtons.OK,
                            MessageBoxIcon.Information);
41              txtStudentNO.Focus();
42              return false;
43          }
44          if (!rdoMale.Checked && !rdoFemale.Checked) {
45              MessageBox.Show("请选择学员性别", "输入提示", MessageBoxButtons.OK,
                            MessageBoxIcon.Information);
46              rdoMale.Focus();
47              return false;
48          }
49          if (cboClass.Text == "")
50          {
51              MessageBox.Show("请选择用户班级", "输入提示", MessageBoxButtons.OK,
                            MessageBoxIcon.Information);
52              cboClass.Focus();
53              return false;
54          }
55          return true;
56      }
```

代码分析：

3～7   验证是否输入了用户名，如果用户名为空，则提示用户输入，文本框 txtLoginId

获得焦点，并返回 false。

9～13　　验证是否输入了密码，如果密码为空，则提示用户输入，文本框 txtLoginPwd
获得焦点，并返回 false。

15～19　　验证是否确认了密码，如果确认密码为空，则提示用户输入，文本框
txtPwdAgain 获得焦点，并返回 false。

21～25　　验证两次密码是否一致，如果不一致，则提示用户重新输入，确认密码框
txtPwdAgain 获得焦点，并返回 false。

27～31　　验证是否选择了用户状态，如果未选择，则提示用户选择，单选按钮 rdoActive
获得焦点，返回 false。

33～37　　验证是否输入了学员用户姓名，如果姓名为空，则提示用户重新输入，文本
框 txtStudentName 获得焦点，并返回 false。

38～42　　验证是否输入了学号，如果学号为空，则提示用户重新输入，文本框
txtStudentNO 获得焦点，并返回 false。

44～48　　验证是否选择了性别，如果为选择，则提示用户选择，单选按钮 rdoMale 获得
焦点，并返回 false。

50～54　　验证是否选择了学员用户的班级，如果班级为空，则提示用户重新选择，下
拉框 cboClass 获得焦点，并返回 false。

55　　　　除此以外的其它情况返回 true。

(2) 在窗体载入的时候打开数据库连接，将 MySchool 中的 Grade 表的年级名添加到年
级名下拉框中。具体实现代码如下：

```
1    private void AddStudentForm_Load(object sender, EventArgs e)
2    {
3        string sql = "SELECT GradeName FROM Grade";
4        SqlCommand command = new SqlCommand(sql, BHelper.connection);
5        try
6        {
7            DBHelper.connection.Open();
8            SqlDataReader dataReader = command.ExecuteReader();
9
10           string gradeName = "";
11           while (dataReader.Read())
12           {
13               gradeName = (string)dataReader["GradeName"];
14               cboGrade.Items.Add(gradeName);
15           }
16           dataReader.Close();
17       }
18       catch (Exception ex)
19       {
```

```
20              MessageBox.Show("操作数据库出错");
21              Console.WriteLine(ex.Message);
22          }
23      finally
24      {
25              DBHelper.connection.Close();
26      }
27  }
```

代码分析：

3　　　　　声明一个 string 类型的变量 sql，用于存储查询年级的 T-SQL 语句。

4　　　　　声明一个 SqlCommand 类型的对象 command，用于执行 T-SQL 语句。

8　　　　　打开数据库连接。

9　　　　　声明一个 SqlDataReader 类型的变量 dataReader，调用 command 对象的 ExecuteReader()方法执行查询语句。

11　　　　声明一个 string 类型的变量 gradeName，用于存储年级名称。

12～15　循环读出所有年级名，并添加到年级名下拉框 cboGrade 中。

(3) 在 AddStudentForm 窗体中，当选择的年级发生变化时，变化班级下拉框的选项内容。具体代码如下：

```
1   if (cboGrade.Text.Trim() != "")
2   {
3       int gradeId = -1;
4       string sql = "SELECT GradeId FROM Grade WHERE GradeName='" + cboGrade.Text + "'";
5       SqlCommand command = new SqlCommand(sql, DBHelper.connection);
6       SqlDataReader dataReader;
7       try
8       {
9               DBHelper.connection.Open();
10              dataReader = command.ExecuteReader();
11              if (dataReader.Read())
12              {
13                      gradeId = (int)dataReader["GradeId"];
14              }
15              dataReader.Close();
16      }
17      catch (Exception ex)
18      {
19              MessageBox.Show("操作数据库出错");
20              Console.WriteLine(ex.Message);
21      }
```

```
22        finally
23        {
24               DBHelper.connection.Close();
25        }
26        sql = "SELECT ClassName FROM Class WHERE GradeId=" + gradeId;
27        command.CommandText = sql;
28        try
29        {
30               DBHelper.connection.Open();
31               dataReader = command.ExecuteReader();
32               string className = "";
33               cboClass.Items.Clear();
34               while (dataReader.Read())
35               {
36                      className = (string)dataReader["ClassName"];
37                      cboClass.Items.Add(className);
38               }
39               dataReader.Close();
40        }
41        catch (Exception ex)
42        {
43               MessageBox.Show("操作数据库出错");
44               Console.WriteLine(ex.Message);
45        }
46        finally
47        {
48               DBHelper.connection.Close();
49        }
50  }
```

代码分析：

1　　　　判断下拉框 cboGrade 中的内容是否为空。

3　　　　声明一个 int 类型的变量 gradeId，用于存储年级编号。

4　　　　声明一个 string 类型的变量 sql，用于存储查询年级编号的 T-SQL 语句。

5　　　　声明一个 SqlCommand 类型的变量 command。

6　　　　声明一个 SqlDataReader 类型的变量 dataReader。

9　　　　打开数据库连接。

10　　　执行查询。

11～15　根据年级名获得年级 Id。

16　　　关闭 dataReader。

19～20　　如果出现异常，则提示出错，并在控制台上显示错误信息。

24　　　　关闭数据库连接。

26　　　　声明一个 string 类型的变量，用于存储根据年级 Id 查询班级名称的 sql 语句。

27　　　　重新制定 command 对象的查询语句。

30　　　　打开数据库连接。

31　　　　执行查询。

32　　　　声明一个 string 类型的变量 className。

33　　　　清空下拉框 cboClass 的选项内容。

34～37　　循环读出所有班级名，并添加到班级下拉框中。

39　　　　关闭 dataReader。

43～44　　如果出现异常，则提示错误，并将错误信息显示在控制台。

48　　　　关闭数据库连接。

（4）在 AddStudentForm 窗体中，定义一个返回值为 int 类型的方法 GetClassId()，用于根据班级名获得班级 Id。具体实现代码如下：

```
1    private int GetClassId()
2    {
3        int classId = 0;
4        string sql = string.Format("SELECT ClassID FROM Class WHERE ClassName='{0}'", cboClass.Text);
5        try
6        {
7            SqlCommand command = new SqlCommand(sql, DBHelper.connection);
8            DBHelper.connection.Open();
9            SqlDataReader dataReader = command.ExecuteReader();
10           if (dataReader.Read())
11           {
12               classId = (int)dataReader["ClassID"];
13           }
14           dataReader.Close();
15       }
16       catch (Exception ex)
17       {
18           MessageBox.Show("操作数据库出错");
19           Console.WriteLine(ex.Message);
20       }
21       finally
22       {
23           DBHelper.connection.Close();
24       }
25       return classId;
26   }
```

代码分析：

1　　　　　　判断下拉框 cboGrade 的内容是否为空。

3　　　　　　声明一个 int 类型的变量 classId，用于存储班级 ID。

4　　　　　　根据班级名查询班级 Id 的 T-SQL 语句。

7　　　　　　声明一个 SqlCommand 类型的对象 command。

8　　　　　　打开数据库连接。

9　　　　　　执行查询。

10~13　　　读出班级 Id。

14　　　　　关闭 DataReader 对象。

18~20　　　如果出现异常，则提示错误，并在控制台显示异常信息。

23　　　　　关闭数据库连接。

26　　　　　返回 classId。

(5) 在 AddStudentForm 窗体的"保存"按钮中实现增加新学员的功能。具体代码如下：

```
1   private void btnSave_Click(object sender, EventArgs e)
2   {
3       if (ValidateInput())
4       {
5           string loginId = txtLoginId.Text;
6           string loginPwd = txtLoginPwd.Text;
7           string userStateId = rdoActive.Checked ? (string)rdoActive.Tag : (string)rdoInactive.Tag;
8           string name = txtStudentName.Text;
9           string studentNO = txtStudentNO.Text;
10          tring phone = txtPhone.Text;
11          string email = txtEmail.Text;
12          string sex = rdoMale.Checked ? rdoMale.Text : rdoFemale.Text;
13          int classId = GetClassId();
14          string sql = string.Format("INSERT INTO Student (LoginId,LoginPwd,UserStateId,ClassID,
                StudentName,Sex,Phone,StudentNO,Email) values('{0}','{1}','{2}',{3},'{4}', '{5}', '{6}',
                '{7}','{8}')",loginId, loginPwd, userStateId, classId, name, sex, phone, studentNO,
                email);
15          try
16          {
17              SqlCommand command = new SqlCommand(sql, DBHelper.connection);
18              DBHelper.connection.Open();
19              int result = command.ExecuteNonQuery();   // 执行命令
20              if (result < 1)
21              {
22                  MessageBox.Show("添加失败！ ", "操作提示", MessageBoxButtons.OK,
                        MessageBoxIcon.Warning);
23              }
```

```
24              else
25              {
26                  MessageBox.Show("添加成功！", "操作提示", MessageBoxButtons.OK,
                        MessageBoxIcon.Information);
27                  this.Close();
28              }
29          }
30          catch (Exception ex)
31          {
32              MessageBox.Show("操作数据库出错！", "操作提示", MessageBoxButtons.OK,
                    MessageBoxIcon.Error);
33              Console.WriteLine(ex.Message);
34          }
35          finally
36          {
37              DBHelper.connection.Close();
38          }
39      }
40  }
```

代码分析：

1　　　　保存按钮单击事件。

3　　　　调用之前定义验证输入的方法。

4～12　获取要插入数据库的每个字段的值。

13　　　调用 GetClassId 的方法获得班级 Id。

14　　　构建新增学员用户的 T-SQL 语句。

17　　　创建 SqlCommand 类型的对象 command。

18　　　打开数据库连接。

19　　　执行命令。

20～28　根据操作结果给出提示信息。

IV.4.3　知识库：SqlDataReader

SqlDataReader 是 ADO.NET 中的读取类，也称为结果集，它作为一个中间容器存储数据库中读取的数据，只能向前浏览并且是只读的。

IV.5　任务五：学员信息列表及修改学员信息

IV.5.1　功能描述

在 StudentListForm 窗体中显示学生信息并修改，并根据性别进行筛选。

IV 5.2　设计步骤及代码分析

　　(1) 在类 StudentListForm 中，定义一个 DataSet 类型的全局变量 dataset，并将其实例化，定义一个 SqlDataAdapter 类型的全局变量 dataAdapter。具体代码如下：

```
DataSet dataSet = new DataSet("MySchool");          // 创建 DataSet 对象
SqlDataAdapter dataAdapter;                          // 声明一个数据适配器对象
```

　　(2) 在窗体加载事件中，填充数据集并显示数据。具体代码如下：

```
1    string sql = "SELECT StudentId, LoginId, StudentName, StudentNO, Sex, Phone, Address, JobWanted
     FROM Student";
2    dataAdapter = new SqlDataAdapter(sql, DBHelper.connection);
3    dataAdapter.Fill(dataSet, "Student");
4    dgvStudent.DataSource = dataSet.Tables["Student"];
```

代码分析：

1　查询用的 SQL 语句。

2　创建 dataAdapter 对象。

3　填充数据集。

4　指定 DataGridView 数据源，显示数据。

　　(3) 在“保存修改”按钮的 Click 事件中将数据提交给数据库。具体代码如下：

```
1    private void btnUpdate_Click(object sender, EventArgs e)
2    {
3        DialogResult result = MessageBox.Show("确定要保存修改吗？", "操作提示",
             MessageBoxButtons.OKCancel, MessageBoxIcon.Question);
4        if (result == DialogResult.OK)
5        {
6            SqlCommandBuilder builder = new SqlCommandBuilder(dataAdapter);
7             dataAdapter.Update(dataSet, "Student");
8        }
9    }
```

代码分析：

3　提示是否进行修改。

4　确认修改。

6　自动生成更新数据用的命令。

7　将修改后的数据提交到数据库。

　　(4) 在“筛选”按钮的 Click 事件中根据性别进行筛选。执行组合 SQL 语句，重新填充数据集。具体代码如下：

```
1     private void btnReFill_Click(object sender, EventArgs e)
2     {
3         string sql = "SELECT StudentId, LoginId, StudentName, StudentNO, Sex, Phone, Address,
                JobWanted FROM Student";
```

```
4              switch (cboSex.Text)
5              {
6                  case "男":
7                      sql += " WHERE Sex = '男'";
8                      break;
9                  case "女":
10                     sql += " WHERE Sex = '女'";
11                     break;
12                 default:
13                     break;
14             }
15
16             dataSet.Tables["Student"].Clear();
17             dataAdapter.SelectCommand.CommandText = sql;
18             dataAdapter.Fill(dataSet, "Student");
19  }
```

代码分析：

3　设定基本的 T-SQL 语句。

4　根据组合框的选择组合 SQL 语句。

6　增加性别为男的条件。

9　增加性别为女的条件。

16　清空数据集中的数据表 Student。

17　重新指定 DataAdapter 对象的查询语句。

18　重新填充数据集中的 Student 表。

(5) 在"刷新"按钮的 Click 事件中重新填充数据集并显示。具体代码如下：

```
1    private void btnRefresh_Click(object sender, EventArgs e)
2    {
3        string sql = "SELECT StudentId, LoginId, StudentName, StudentNO, Sex, Phone, Address,
                    JobWanted FROM Student";
4        dataSet.Tables["Student"].Clear();
5        dataAdapter.SelectCommand.CommandText = sql;
6        dataAdapter.Fill(dataSet, "Student");
7    }
```

代码分析：

3　查询用的 T-SQL 语句。

4　清空数据集中原来的 Student 表。

5　设置 dataAdapter 对象的查询命令文本。

6　重新填充数据集中的 Student 表。

IV.6　任务六：查询学员信息

IV.6.1　功能描述

在 SearchStudentForm 窗体中，修改符合条件的学员的状态，删除符合条件的学员记录，并将符合条件的数据显示在列表视图中。

IV.6.2　设计步骤及代码解析

（1）在 SearchStudentForm 窗体中定义方法 FillListView()，用于从数据库中检索出符合条件的数据，并填充列表视图。具体代码如下：

```
1    private void FillListView()
2    {
3        string loginId;
4        string studentName;
5        string studentNO;
6        int userStateId;
7        string userState;
8        string sql = string.Format(
9        "SELECT StudentID,LoginId,StudentNO,StudentName,UserStateId FROM Student WHERE LoginId
         like '%{0}%'", txtLoginId.Text);
10       try
11       {
12           SqlCommand command = new SqlCommand(sql, DBHelper.connection);
13           DBHelper.connection.Open();
14           SqlDataReader dataReader = command.ExecuteReader();
15           lvStudent.Items.Clear();
16           if (!dataReader.HasRows)
17           {
18               MessageBox.Show("抱歉，没有您要找的用户！", "结果提示", MessageBoxButtons.OK,
                             MessageBoxIcon.Information);
19           }
20           else
21           {
22               while (dataReader.Read())
23               {
24                   loginId = (string)dataReader["LoginId"];
25                   studentName = (string)dataReader["StudentName"];
```

```
26              studentNO = (string)dataReader["StudentNO"];
27              userStateId = (int)dataReader["UserStateId"];
28              userState = (userStateId == 1)？"活动" : "非活动";
29              ListViewItem lviStudent = new ListViewItem(loginId);
30              lviStudent.Tag = (int)dataReader["StudentID"];
31              lvStudent.Items.Add(lviStudent);
32              lviStudent.SubItems.AddRange(new string[] { studentName, studentNO, userState });
33            }
34          }
35        dataReader.Close();
36     }
37     catch (Exception ex)
38     {
39        MessageBox.Show("查询数据库出错！", "提示", MessageBoxButtons.OK,
                        MessageBoxIcon.Error);
40        Console.WriteLine(ex.Message);
41     }
42     finally
43     {
44        DBHelper.connection.Close();
45     }
46   }
```

代码分析：

3～7　　定义 5 个局部变量，分别用于存储用户名、姓名、学号、用户状态 Id 和用户
　　　　状态。

8～9　　查找学员用户的 T-SQL 语句。

12　　　构造 SqlCommand 对象。

13　　　打开数据库连接。

14　　　执行查询用户命令。

15　　　清除 ListView 中的所有项。

16～34　判断是否有符合条件的数据，如果结果集中没有数据行，则弹出提示窗口；
　　　　否则，将查到的数据循环写到 ListView 中。

(2) 在查找按钮单击事件中添加如下代码，用于实现检索符合条件的记录。

```
1    private void btnSearch_Click(object sender, EventArgs e)
2    {
3        if (txtLoginId.Text == "")
4        {
5            MessageBox.Show("请输入用户名", "输入提示", MessageBoxButtons.OK,
                        MessageBoxIcon.Information);
```

```
6            txtLoginId.Focus();
7        }
8      else{
9            FillListView();
10       }
11   }
```

代码分析：

3～9　判断输入的用户名是否为空，如果为空，则弹出提示窗口，并使 txtLoginId 文本
　　　框获得焦点；否则，调用 FillView()方法，填充列表视图。

(3) 在右键菜单 cmsStudent 的 tsmiDelete 菜单项单击事件中实现删除选定记录的功能。
具体代码如下：

```
1    private void tsmiDelete_Click(object sender, EventArgs e)
2    {
3        if (lvStudent.SelectedItems.Count = = 0)
4        {
5            MessageBox.Show("您没有选择任何用户", "操作提示", MessageBoxButtons.OK,
                            MessageBoxIcon.Information);
6        }
7      else
8        {
9            DialogResult choice = MessageBox.Show("确定要删除该用户吗？ ","操作警告",
             MessageBoxButtons.YesNo,MessageBoxIcon.Warning);
10           if (choice = = DialogResult.Yes)
11           {
12               string sql = string.Format("DELETE FROM Student WHERE StudentID={0}",
                 (int)lvStudent.SelectedItems[0].Tag);
13               SqlCommand command = new SqlCommand(sql, DBHelper.connection);
14               int result = 0;
15               try
16               {
17                   DBHelper.connection.Open();
18                   result = command.ExecuteNonQuery();
19               }
20               catch (Exception ex)
21               {
22                   MessageBox.Show(ex.Message);
23               }
24               finally
25               {
```

```
26                     DBHelper.connection.Close();
27                 }
28              if (result < 1)
29              {
30                     MessageBox.Show("删除失败！", "操作结果", MessageBoxButtons.OK,
                                   MessageBoxIcon.Exclamation);
31              }
32              else
33              {
34                     MessageBox.Show("删除成功！", "操作结果", MessageBoxButtons.OK,
                                   MessageBoxIcon.Information);
35                     FillListView();
36              }
37          }
38       }
39   }
```

代码分析：

3　　　判断用户是否选择了学员。

9　　　弹出消息框，确认是否删除。

10～27　如果确定删除，则执行删除操作。

28～35　对命令执行结果进行判断，如果删除不成功，则弹出失败提示窗口；否则，
弹出成功提示窗口，并重新填充列表视图。

(4) 在 tsmiActive 菜单项单击事件中添加如下代码，用于实现将选定的学员用户状态更
改为活动。

```
1   private void tsmiActive_Click(object sender, EventArgs e){
2       if (lvStudent.SelectedItems.Count == 0)
3       {
4           MessageBox.Show("您没有选择任何用户", "操作提示", MessageBoxButtons.OK,
                        MessageBoxIcon.Information);
5       }
6       else
7       {
8           string sql = string.Format("Update Student SET UserStateId=1 WHERE StudentID={0}",
                        (int)lvStudent.SelectedItems[0].Tag);
9           int result = 0;
10          try
11          {
12              SqlCommand command = new SqlCommand(sql, DBHelper.connection);
13              DBHelper.connection.Open();
```

```
14              result = command.ExecuteNonQuery();
15          }
16          catch (Exception ex)
17          {
18              MessageBox.Show(ex.Message);
19          }
20          finally
21          {
22              DBHelper.connection.Close();
23          }
24          if (result < 1)
25          {
26              MessageBox.Show("修改失败！", "操作结果", MessageBoxButtons.OK,
                        MessageBoxIcon.Exclamation);
27          }
28          else
29          {
30              MessageBox.Show("修改成功！", "操作结果", MessageBoxButtons.OK,
                        MessageBoxIcon.Information);
31              FillListView();
32          }
33      }
34  }
```

代码分析：

3　判断是否选择了学员用户，如果没有，则弹出提示窗口，否则，将用户状态更新为"活动"。

9　更新的 T-SQL 语句。

25　对执行结果进行判断，如果修改失败，则弹出提示框；否则，重新填充列表视图。

（5）在 tsmiInActive 菜单项单击事件中添加如下代码，用于实现将选定的学员状态更改为不活动。

```
1   private void tsmiInActive_Click(object sender, EventArgs e) {
2       if (lvStudent.SelectedItems.Count == 0)
3       {
4           MessageBox.Show("您没有选择任何用户", "操作提示", MessageBoxButtons.OK,
                        MessageBoxIcon.Information);
5       }
6       else
7       {
8           string sql = string.Format("Update Student SET UserStateId=0 WHERE StudentID={0}",
```

```
                                        (int)lvStudent.SelectedItems[0].Tag);
9              int result = 0;
10             try
11             {
12                 SqlCommand command = new SqlCommand(sql, DBHelper.connection);
13                 DBHelper.connection.Open();
14                 result = command.ExecuteNonQuery();
15             }
16             catch (Exception ex)
17             {
18                 MessageBox.Show(ex.Message);
19             }
20             finally
21             {
22                 DBHelper.connection.Close();
23             }
24             if (result < 1)
25             {
26                 MessageBox.Show("修改失败！", "操作结果", MessageBoxButtons.OK,
                                   MessageBoxIcon.Exclamation);
27             }
28             else
29             {
30                MessageBox.Show("修改成功！", "操作结果", MessageBoxButtons.OK,
                                  MessageBoxIcon.Information);
31                 FillListView();
32             }
33         }
34  }
```

代码分析：

3　判断是否选择了学员用户，如果没有，则弹出提示窗口；否则，将用户状态更新
　　为"不活动"。

9　更新的 T-SQL 语句。

25　对执行结果进行判断，如果修改失败，则弹出提示框；否则，重新填充列表视图。

❖ 项目需求
- 实体类 MySchoolModels
- 数据访问层接口 MySchoolIDAL
- 联机工厂 MySchoolDALFactory
- 数据访问层 MySchoolDAL
- 业务逻辑层 MySchoolBLL
- 界面层 MySchool

❖ 项目技能目标

■在实体类 MySchoolModels 项目创建 Admin 类、Class 类、Grade 类和 Student 类

■在数据访问层接口 MySchoolDAL 项目中创建 IAdminService 接口、IClassService 接口、IGradeService 接口和 IStudentService 接口

■在数据访问层 MySchoolDAL 项目中创建 AdminService 类、ClassService 类、GradeService 类和 StudentService 类

■在联机工厂 MySchoolDALFactory 项目中创建 AbstractDALFactory 类、AccessDALFactory 类和 SqlDALFacoty 类

■在业务逻辑层 MySchoolBLL 中创建 ClassManager 类、GradeManager 类、LoginManager 类和 StudentManager 类

❖ 项目成果目标
- 编码量达 1377 行

❖ 项目专业词汇
DAL：数据访问层
BLL：业务逻辑层
IDAL：数据访问层接口
DALFactory：联机工厂

V.1　任务一：实体层 MySchoolModels 的设计

V.1.1　功能描述

在解决方案中，创建 MySchoolModels 项目，并在此项目中创建 Admin 类、Class 类、Grade 类和 Student 类，实现面向对象编程。

V.1.2　设计步骤及代码解析

(1) 打开 Microsoft Visual Studio 2005，创建一个 Windows 窗体应用程序，将其改名为 MySchool，再创建一个类库，项目名称输入 MySchoolModels，位置根据自己需要选择设定，单击"确定"按钮。

(2) 单击 Class1.cs，将其重命名为 Admin.cs。在 Admin.cs 中添加三个属性。具体代码和分析如下：

```
1    public class Admin
2    {
3        private int id;
4        private string loginId = String.Empty;
5        private string loginPwd = String.Empty;
6        public int Id
7        {
8            get { return id; }
9        }
10
11       public string LoginId
12       {
13           get { return loginId; }
14           set { loginId = value; }
15       }
16
17       public string LoginPwd
18       {
19           get { return loginPwd; }
20           set { loginPwd = value; }
21       }
22   }
```

代码分析：

6～9　　属性 ID。

11～15　登录名属性。

17～21　登录密码属性。

(3) 在解决方案管理器中，点击 MySchoolModels 项目，右击，选择添加新建项。在模版中选择类，将类名更改为 Class.cs。具体代码和分析如下：

```
1    public class Class
2    {
3        protected int classId;
4        protected string name = String.Empty;
```

```
5          protected int gradeID;
6
7          public int ClassId
8          {
9                  get { return classId; }
10         }
11
12         public string Name
13         {
14                 get { return name; }
15                 set { name = value; }
16         }
17
18         public int GradeID
19         {
20                 get { return gradeID; }
21                 set { gradeID = value; }
22         }
23     }
```

代码分析：

7～10   班级编号属性。

12～16   班级名属性。

18～22   年级编号属性。

(4) 在 MySchoolModels 项目中，继续添加 Grade 类和 Student 类。具体代码和分析如下：

```
1      public class Grade
2      {
3              protected int id;
4               protected string name = String.Empty;
5              public int Id
6              {
7                      get {return id;}
8              }
9
10             public string Name
11             {
12                     get {return name;}
13                     set {name = value;}
14             }
15     }
```

```
16   public class Student
17        {
18            protected int id;
19            protected string loginId = String.Empty;
20            protected string lingPwd = String.Empty;
21            protected int userStateId;
22            protected int classID;
23            protected string studentNO = String.Empty;
24            protected string studentname = String.Empty;
25            protected string sex = String.Empty;
26            protected string studentIDNO = String.Empty;
27            protected string phone = String.Empty;
28            protected string address = String.Empty;
29
30            public int Id
31            {
32                get {return id;}
33            }
34
35            public string LoginId
36            {
37                get {return loginId;}
38                set {loginId = value;}
39            }
40
41            public string LingPwd
42            {
43                get {return lingPwd;}
44                set {lingPwd = value;}
45            }
46
47            public int UserStateId
48            {
49                get {return userStateId;}
50                set {userStateId = value;}
51            }
52
53            public int ClassID
54            {
```

```
55                get {return classID;}
56                set {classID = value;}
57         }
58
59         public string StudentNO
60         {
61                get {return studentNO;}
62                set {studentNO = value;}
63         }
64
65          public string StudentName
66         {
67                get { return studentname; }
68                set { studentname = value; }
69         }
70
71         public string Sex
72         {
73                get {return sex;}
74                set {sex = value;}
75         }
76
77         public string StudentIDNO
78         {
79                get {return studentIDNO;}
80                set {studentIDNO = value;}
81         }
82         public string Phone
83         {
84                get {return phone;}
85                set {phone = value;}
86         }
87
88         public string Address
89         {
90                get {return address;}
91                set {address = value;}
92         }
93     }
```

代码分析：

5～8　　　年级编号属性。

10～14　　年级名属性。

30～33　　学生 Id 属性。

35～39　　登录 Id 属性。

41～45　　登录密码属性。

47～51　　用户状态 Id 属性。

53～57　　班级 Id 属性。

59～63　　学生学号属性。

65～69　　学生姓名属性。

71～75　　学生性别属性。

77～81　　身份证属性。

82～85　　联系电话属性。

88～92　　家庭住址属性。

V.1.3　知识库

1. Grade 类

Grade 类用于封装 Grade 表中的各个字段，将其转换为对应属性。

2. Class 类

Class 类用于封装 Class 表中的各个字段，将其转换为对应属性。

3. Admin 类

Admin 类用于封装 Admin 表中的各个字段，将其转换为对应属性。

4. Student 类

Student 类用于封装 Student 表中的各个字段，将其转换为对应属性。

V.2　任务二：配置文件的设置

V.2.1　功能描述

在配置文件中设置连接字符串以及数据库类型。

V.2.2　设计步骤

(1) 在 MySchool 项目中点击 app.config 文件，在该文件中添加 connectionStrings 节点，在此节点中设置连接字符串。具体代码如下：

```
<connectionStrings>
    <add name="DataBaseOwner" connectionString="dbo" />
```

```
<add name="MySchoolConnectionString" connectionString="Data
Source=.;Initial Catalog=MySchool;Integrated Security=True"
providerName="System.Data.SqlClient" />
</connectionStrings>
```

(2) 在配置文件中再添加 appSettings 节点，在此节点中设置数据库类型。具体代码如下：

```
<appSettings>
<add key="FactoryType" value="Sql"/>
</appSettings>
```

V.3 任务三：数据访问层接口的设计

V.3.1 功能描述

在解决方案中创建类库 MySchoolIDAL，添加 IAdminService、IClassService、IGradeService 和 IStudentService 四个接口，实现多态的编程。

V.3.2 设计步骤

(1) 在解决方案中添加一个类库项目 MySchoolIDAL，右击此项目，添加新建项，选择"接口"模板。将 interface1.cs 改名为 IAdminService.cs。在接口 IAdminService 中定义如下方法，此方法用于根据登录 ID 获得密码：

```
string GetAdminLoginPwdByLoginID(string loginID);
```

(2) 在 MySchoolIDAL 项目中添加接口 IClassService，并在此接口中定义如下两个方法，分别用于根据班级名获得班级 ID 和根据年级 ID 获得班级集合：

```
string GetClassIDByClassName(string className);
ArrayList GetClassByGradeID(int gradeID);
```

(3) 在 MySchoolIDAL 项目中添加接口 IGradeService，在此接口中定义如下两个方法，分别用于获得所有的年级和根据年级名获得年级 ID：

```
List<Grade> GetAllGrades();
int GetGradeByGradeName(string gradeName);
```

(4) 在 MySchoolIDAL 项目中添加接口 IStudentService，在此接口中定义如下方法：

```
int AddStudent(Student objStudent);                    //添加新学员
void DeleteStudent(string loginID);                    //根据登录 ID 删除学员
void ModifyStudent(Student objStudent);                //修改学生对象
Student GetStudentInfoByLoginID(string loginID);       //根据登录 ID 获得学员信息
List<Student> GetStudentLoginPwdByLoginID(string loginID);
                                                       //根据登录 ID 获得学员的登录密码
IList<Student> GetAllStudents();                       //获得所有的学员对象集合
int GetStudentIDByLoginID(string loginID);             //根据登录 ID 获得学员 ID
```

V.3.3　知识库

1. IAdminService 接口

IAdminService 接口抽象了 GetAdminLoginPwdByLoginID(string loginID)方法,定义此方法是为了实现根据登录 ID 获得管理员登录密码, 其具体实现由实现该接口的类来完成。

2. IClassService 接口

IClassService 接口抽象了 GetClassIDByClassName(string className)和 GetClassByGradeID(int GradeID)方法,定义这两个方法是为了实现根据班级名获得班级 ID 和根据年级 ID 获得班级集合,其具体实现由实现该接口的类来完成。

3. IGradeService 接口

IGradeService 接口抽象了 GetAllGrades()和 GetGradeByGradeName(string gradeName)方法,这两个方法的主要功能是实现获得所有年级和根据年级名获得年级 ID,其具体实现由实现该接口的类来完成。

4. IStudentService 接口

IStudentService 接口抽象了 7 个方法,分别用于增加、删除、修改等操作,其具体实现由实现该接口的类来完成。

V.4　任务四：数据访问层的设计

V.4.1　功能描述

在解决方案中创建类库 MySchoolDAL,用于集成对数据库数据的操作。

V.4.2　设计步骤及代码解析

(1) 在项目 MySchoolDAL 中创建一个类 AdminService,用于执行对数据库表 Admin 的操作。首先使类 AdminService 实现接口 IAdminService。具体代码与分析如下:

```
1      public class AdminService:IAdminService
2      {
3            //从配置文件中读取数据库连接字符串
4            private readonly string connString =
                    ConfigurationManager.ConnectionStrings["MySchoolConnectionString"].ToString();
5            private readonly string dboOwner =
                    ConfigurationManager.ConnectionStrings["DataBaseOwner"].ToString();
6            /// <summary>
7            /// 根据管理员登录 ID 得到登录密码
8            /// </summary>
```

```
9          /// <param name="loginID">登录 ID</param>
10         /// <returns>密码</returns>
11        public string GetAdminLoginPwdByLoginID(string loginID)
12        {
13            string pwd = string.Empty;
14            using (SqlConnection conn = new SqlConnection(connString))
15            {
16                SqlCommand objCommand = new SqlCommand(dboOwner +
                       ".usp_SelectAdminByLoginID", conn);
17                objCommand.CommandType = CommandType.StoredProcedure;
18                objCommand.Parameters.Add("@LoginId", SqlDbType.NVarChar, 50).Value = loginID;
19                conn.Open();
20                using (SqlDataReader objReader = objCommand.ExecuteReader
                       (CommandBehavior.CloseConnection))
21                {
22                    if (objReader.Read())
23                        pwd = Convert.ToString(objReader["LoginPwd"]);
24                    objReader.Dispose();
25                }
26                conn.Close();
27                conn.Dispose();
28            }
29            return pwd;
30        }
31    }
```

代码分析：

14, 20   在第 14 行代码和 20 行代码中使用了 using(①){②}的结构，是为了及时释放对象所占用的资源，其中①的部分代表所要释放的对象，②的部分代表对象的生存期，即在②部分的代码执行完后，①部分的对象允许被释放。

16～17   创建一个 SqlCommand 类型的对象，并设置其命令文本类型为存储过程，其中 usp_SelectAdminByLoginID 为存储过程的名字。

存储过程具体代码如下：

```
ALTER PROCEDURE [dbo].[usp_SelectAdminByLoginID]
    @LoginId varchar(50)
AS

SET NOCOUNT ON
SET TRANSACTION ISOLATION LEVEL READ COMMITTED
```

```
SELECT
    [LoginPwd],
    [LoginId],
    [AdminName],
    [Sex]
FROM
    [dbo].[Admin]
WHERE
    [LoginId] = @LoginId
```

(2) 在项目 MySchoolDAL 中创建一个类 GradeService，用于执行对数据库表 Grade 的操作。首先使类 GradeService 实现接口 IGradeService。具体代码与分析如下：

```
1    public class GradeService : IGradeService
2    {
3        //从配置文件中读取数据库连接字符串
4        private readonly string connString = ConfigurationManager.ConnectionStrings
                                ["MySchoolConnectionString"].ToString();
5        private readonly string dboOwner = ConfigurationManager.ConnectionStrings
                                ["DataBaseOwner"].ToString();
6        /// <summary>
7        ///  得到所有年级集合
8        /// </summary>
9        /// <returns>年级集合</returns>
10       public    List<Grade> GetAllGrades()
11       {
12           List<Grade> GradeList = new List<Grade>();
13
14           using (SqlConnection conn = new SqlConnection(connString))
15           {
16               SqlCommand objCommand = new SqlCommand(dboOwner + ".usp_SelectGradesAll",
                                    conn);
17               objCommand.CommandType = CommandType.StoredProcedure;
18               conn.Open();
19               using (SqlDataReader objReader = objCommand.ExecuteReader
                        (CommandBehavior.CloseConnection))
20               {
21                   while (objReader.Read())
22                   {
23                       Grade grade = new Grade();
24                       grade.Name = Convert.ToString(objReader["GradeName"]);
```

```
25                      GradeList.Add(grade);
26                  }
27              objReader.Close();
28              objReader.Dispose();
29          }
30          conn.Close();
31          conn.Dispose();
32      }
33      return GradeList;
34  }
35  /// <summary>
36  /// 通过年级名称得到年级 ID
37  /// </summary>
38  /// <param name="gradeName">年级名称</param>
39  /// <returns>年级 ID</returns>
40  public   int GetGradeByGradeName(string gradeName)
41  {
42      int number = 0;
43      using (SqlConnection conn = new SqlConnection(connString))
44      {
45          SqlCommand objCommand = new SqlCommand(dboOwner +
                ".usp_SelectGradeByGradeName", conn);
46          objCommand.CommandType = CommandType.StoredProcedure;
47          objCommand.Parameters.Add("@GradeName", SqlDbType.NVarChar, 50).Value =
                gradeName;
48          conn.Open();
49          using (SqlDataReader objReader = objCommand.ExecuteReader
                    (CommandBehavior.CloseConnection))
50          {
51              if (objReader.Read())
52                  number = Convert.ToInt32(objReader["GradeID"]);
53              objReader.Close();
54              objReader.Dispose();
55          }
56          conn.Close();
57          conn.Dispose();
58      }
59      return number;
60  }
```

```
61          }
```

代码分析：

12　　　　创建一个泛型集合，用于存储查询的年级集合。

16～17　　创建一个 SqlCommand 类型的对象，并设置其命令文本类型为存储过程，其中 usp_SelectGradesAll 为存储过程的名字。

存储过程具体代码如下：

```
ALTER PROCEDURE [dbo].[usp_SelectGradesAll]

AS


SET NOCOUNT ON
SET TRANSACTION ISOLATION LEVEL READ COMMITTED


SELECT
    [GradeID],
    [GradeName]
FROM
    [dbo].[Grade]
```

19～25　　执行命令，循环读出数据并且添加到泛型集合中。

42　　　　创建一个 int 类型变量，用于存储年级编号。

45～46　　创建一个 SqlCommand 类型的对象，并设置其命令文本类型为存储过程，其中 usp_SelectGradeByGradeName 为存储过程的名字。

存储过程具体代码如下：

```
ALTER PROCEDURE [dbo].[usp_SelectGradeByGradeName]
    @GradeName nvarchar(50)
AS


SET NOCOUNT ON
SET TRANSACTION ISOLATION LEVEL READ COMMITTED


SELECT
    [GradeID]
FROM
    [dbo].[Grade]
WHERE
    [GradeName] = @GradeName
```

(3) 在 MySchoolDAL 中创建一个类 ClassService 实现接口 IClassService，用于执行对数据库表 Class 的操作。

```
1    public class ClassService:IClassService
2    {
```

```
3          //从配置文件中读取数据库连接字符串
4          private readonly string connString = ConfigurationManager.ConnectionStrings
                                    ["MySchoolConnectionString"].ToString();
5          private readonly string dboOwner = ConfigurationManager.ConnectionStrings
                                    ["DataBaseOwner"].ToString();
6          /// <summary>
7          /// 通过班级名称得到班级 ID
8          /// </summary>
9          /// <param name="className">班级名称</param>
10         /// <returns>班级 ID</returns>
11         public    string GetClassIDByClassName(string className)
12         {
13             string number = string.Empty;
14             using (SqlConnection conn = new SqlConnection(connString))
15             {
16                 SqlCommand objCommand = new SqlCommand(dboOwner +
                                    ".usp_SelectClassIDByClassName", conn);
17                 objCommand.CommandType = CommandType.StoredProcedure;
18                 objCommand.Parameters.Add("@ClassName", SqlDbType.NVarChar, 50).Value =
                                    className;
19                 conn.Open();
20                 using (SqlDataReader objReader = objCommand.ExecuteReader
                            (CommandBehavior.CloseConnection))
21                 {
22                     if(objReader.Read())
23                         number = Convert.ToString(objReader["ClassID"]);
24                     objReader.Close();
25                     objReader.Dispose();
26                 }
27                 conn.Close();
28                 conn.Dispose();
29                 return number;
30             }
31         }
32         /// <summary>
33         /// 通过年级 ID 得到年级对应的班级
34         /// </summary>
35         /// <param name="gradeID">年级 ID</param>
36         /// <returns>班级集合</returns>
```

```
37          public   ArrayList GetClassByGradeID(int gradeID)
38          {
39              ArrayList classList = new ArrayList();
40              using (SqlConnection conn = new SqlConnection(connString))
41              {
42                  SqlCommand objCommand = new SqlCommand(dboOwner +
                                                ".usp_SelectClassesByGradeID", conn);
43                  objCommand.CommandType = CommandType.StoredProcedure;
44                  objCommand.Parameters.Add("@GradeID", SqlDbType.Int).Value = gradeID;
45                  conn.Open();
46                  using (SqlDataReader objReader = objCommand.ExecuteReader
                            (CommandBehavior.CloseConnection))
47                  {
48                      while(objReader.Read())
49                          classList.Add(objReader["ClassName"]);
50                      objReader.Close();
51                      objReader.Dispose();
52                  }
53                  conn.Close();
54                  conn.Dispose();
55              }
56              return classList;
57          }
58  }
```

代码分析：

11　　　　实现接口中定义的方法 GetClassIDByClassName。

16　　　　创建一个 SqlCommand 类型的对象，并设置其命令文本类型为存储过程，其中
　　　　　usp_SelectClassIDByClassName 为存储过程的名字。

存储过程具体代码如下：

```
ALTER PROCEDURE [dbo].[usp_SelectClassIDByClassName]
    @ClassName nvarchar(50)
AS

SET NOCOUNT ON
SET TRANSACTION ISOLATION LEVEL READ COMMITTED

SELECT
    [ClassID]
FROM
```

```
        [dbo].[Class]
    WHERE
            ClassName = @ClassName
```

37　　　实现接口中定义的方法 GetClassByGradeID(int GradeID)。

42～43　创建一个 SqlCommand 类型的对象，并设置其命令文本类型为存储过程，其中 usp_SelectClassesByGradeID 为存储过程的名字。

存储过程具体代码如下：

```
    ALTER PROCEDURE [dbo].[usp_SelectClassesByGradeID]
        @GradeID int
    AS
    SET NOCOUNT ON
    SET TRANSACTION ISOLATION LEVEL READ COMMITTED
    SELECT
    [ClassID],
    [ClassName]
    FROM
    [dbo].[Class]
    WHERE [GradeID] = @GradeID
```

（4）在 MySchoolDAL 中，创建一个类 StudentService 实现接口 IStudentService，用于执行对数据库表 Student 的操作。具体代码及分析如下：

```
1      public class StudentService : IStudentService
2      {
3          #region Private Members
4          //从配置文件中读取数据库连接字符串
5          private readonly string connString = ConfigurationManager.ConnectionStrings
                                        ["MySchoolConnectionString"].ToString();
6          private readonly string dboOwner = ConfigurationManager.ConnectionStrings
                                        ["DataBaseOwner"].ToString();
7          #endregion
8
9          #region Public Methods
10         /// <summary>
11         /// 创建学员帐户
12         /// </summary>
13         /// <param name="objStudent">学员实体对象</param>
14         /// <returns>生成帐户记录的 ID</returns>
15         public   int AddSutdent(Student objStudent)
16         {
17             int number;
```

```
18              using (SqlConnection conn = new SqlConnection(connString))
19              {
20                  SqlCommand objCommand = new SqlCommand(dboOwner +
                                    ".usp_InsertPartStudentInfo", conn);
21                  objCommand.CommandType = CommandType.StoredProcedure;
22
23                  objCommand.Parameters.Add("@LoginID", SqlDbType.NVarChar, 50).Value =
                                    objStudent.LoginId;
24                  objCommand.Parameters.Add("@LoginPwd", SqlDbType.NVarChar, 50).Value =
                                    objStudent.LingPwd;
25                  objCommand.Parameters.Add("@UserStateId", SqlDbType.Int).Value =
                                    objStudent.UserStateId;
26                  objCommand.Parameters.Add("@ClassID", SqlDbType.Int).Value = objStudent.ClassID;
27                  objCommand.Parameters.Add("@StudentNO", SqlDbType.NVarChar, 255).Value =
                                    objStudent.StudentNO;
28                  objCommand.Parameters.Add("@StudentName", SqlDbType.NVarChar, 255).Value =
                                    objStudent.StudentName;
29                  objCommand.Parameters.Add("@Sex", SqlDbType.NVarChar, 255).Value =
                                    objStudent.Sex;
30                  conn.Open();
31                  number = Convert.ToInt32(objCommand.ExecuteScalar());
32                  conn.Close();
33                  conn.Dispose();
34              }
35          return number;
36      }
37      /// <summary>
38      /// 根据学员 ID 删除账户信息
39      /// </summary>
40      /// <param name="loginID"></param>
41      public    void DeleteStudent(string loginID)
42      {
43          int studentID = GetStudentIDByLoginID(loginID);
44          using (SqlConnection conn = new SqlConnection(connString))
45          {
46              SqlCommand objCommand = new SqlCommand(dboOwner + ".usp_DeleteStudent",
                                    conn);
47              objCommand.CommandType = CommandType.StoredProcedure;
48              objCommand.Parameters.Add("@StudentID", SqlDbType.Int).Value = studentID;
```

```
49                  conn.Open();
50                  objCommand.ExecuteNonQuery();
51                  conn.Close();
52                  conn.Dispose();
53              }
54          }
55      /// <summary>
56      /// 根据登录 ID 得到学员信息
57      /// </summary>
58      /// <param name="loginID">登录 ID</param>
59      /// <returns>学员信息实体</returns>
60      public    Student GetStudentInfoByLoginID(string loginID)
61      {
62          Student studentInfo = new Student();
63          using (SqlConnection conn = new SqlConnection(connString))
64          {
65              SqlCommand objCommand = new SqlCommand(dboOwner +
                                ".usp_SelectStudentInfoByLoginID", conn);
66              objCommand.CommandType = CommandType.StoredProcedure;
67              objCommand.Parameters.Add("@LoginID", SqlDbType.NVarChar, 50).Value = loginID;
68              conn.Open();
69              using (SqlDataReader objReader = objCommand.ExecuteReader
                    (CommandBehavior.CloseConnection))
70              {
71                  if (objReader.Read())
72                  {
73                      studentInfo.LoginId = Convert.ToString(objReader["LoginId"]);
74                      studentInfo.StudentNO = Convert.ToString(objReader["StudentNO"]);
75                      studentInfo.StudentName = Convert.ToString(objReader["StudentName"]);
76                      studentInfo.Sex = Convert.ToString(objReader["Sex"]);
77                      studentInfo.StudentIDNO = Convert.ToString(objReader["StudentIDNO"]);
78                      studentInfo.Phone = Convert.ToString(objReader["Phone"]);
79                  }
80              }
81              conn.Close();
82              conn.Dispose();
83          }
84          return studentInfo;
85      }
```

```
86          /// <summary>
87          /// 根据学员登录 ID 得到学员 ID
88          /// </summary>
89          /// <param name="loginID">登录 ID</param>
90          /// <returns>学员 ID</returns>
91          public    int GetStudentIDByLoginID(string loginID)
92          {
93              int studentID = 0;
94              using (SqlConnection conn = new SqlConnection(connString))
95              {
96                  SqlCommand objCommand = new SqlCommand(dboOwner +
                                            ".usp_SelectStudentIDByLoginID", conn);
97                  objCommand.CommandType = CommandType.StoredProcedure;
98                  objCommand.Parameters.Add("@LoginId", SqlDbType.NVarChar, 50).Value = loginID;
99                  conn.Open();
100                 using (SqlDataReader objReader = objCommand.ExecuteReader
                        (CommandBehavior.CloseConnection))
101                 {
102                     if (objReader.Read())
103                     {
104                         studentID = Convert.ToInt32(objReader["StudentID"]);
105                     }
106                     objReader.Dispose();
107                 }
107                 conn.Close();
109                 conn.Dispose();
110             }
111             return studentID;
112         }
113         /// <summary>
114         /// 根据登录 ID 得到学员登录密码和用户状态 ID
115         /// </summary>
116         /// <param name="loginID">登录 ID</param>
117         /// <returns>密码和状态 ID 的集合</returns>
118         public    List<Student> GetStudentLoginPwdByLoginID(string loginID)
119         {
120             List<Student> studentlist = new List<Student>();
121             string pwd = string.Empty;
122             using (SqlConnection conn = new SqlConnection(connString))
```

```
123                  {
124                      SqlCommand objCommand = new SqlCommand(dboOwner +
                                    ".usp_SelectStudentByLoginID", conn);
125                      objCommand.CommandType = CommandType.StoredProcedure;
126                      objCommand.Parameters.Add("@LoginId", SqlDbType.NVarChar, 50).Value =
                                    loginID;
127                      conn.Open();
128                      using (SqlDataReader objReader = objCommand.ExecuteReader
                              (CommandBehavior.CloseConnection))
129                      {
130                          if (objReader.Read())
131                          {
132                              Student student = new Student();
133                              student.LingPwd = Convert.ToString(objReader["LoginPwd"]);
134                              student.UserStateId = Convert.ToInt32(objReader["UserStateId"]);
135                              studentlist.Add(student);
136                          }
137                          objReader.Dispose();
138                      }
139                      conn.Close();
140                      conn.Dispose();
141                  }
142
143              return studentlist;
144          }
145          /// <summary>
146          /// 更新学员信息
147          /// </summary>
148          /// <param name="objStudent">学员实体对象</param>
149          public    void ModifyStudent(Student objStudent)
150          {
151              using (SqlConnection conn = new SqlConnection(connString))
152              {
153                  SqlCommand objCommand = new SqlCommand(dboOwner +
                                ".usp_UpdateStudentBaseInfo", conn);
154                  objCommand.CommandType = CommandType.StoredProcedure;
155                  objCommand.Parameters.Add("@LoginID", SqlDbType.NVarChar, 50).Value =
                                objStudent.LoginId;
156                  objCommand.Parameters.Add("@StudentNO", SqlDbType.NVarChar, 255).Value =
```

```
                                             objStudent.StudentNO;
157        objCommand.Parameters.Add("@StudentName", SqlDbType.NVarChar, 255).Value =
                                             objStudent.StudentName;
158        objCommand.Parameters.Add("@Sex", SqlDbType.NVarChar, 255).Value =
                                             objStudent.Sex;
159        objCommand.Parameters.Add("@StudentIDNO", SqlDbType.NVarChar, 255).Value =
                                             objStudent.StudentIDNO;
160        objCommand.Parameters.Add("@Phone", SqlDbType.NVarChar, 255).Value =
                                             objStudent.Phone;
161        conn.Open();
162        objCommand.ExecuteNonQuery();
163        conn.Close();
164        conn.Dispose();
165            }
166
167        }
168    /// <summary>
169    /// 返回所有学员信息集合
170    /// </summary>
171    /// <returns>学员信息集合</returns>
172    public   IList<Student> GetAllStudents()
173        {
174        IList<Student> objStudentList = new List<Student>();
175        using (SqlConnection conn = new SqlConnection(connString))
176            {
177            SqlCommand objCommand = new SqlCommand(dboOwner +
                                                ".usp_SelectStudentsAll",conn);
178            objCommand.CommandType = CommandType.StoredProcedure;
179            conn.Open();
180            using (SqlDataReader objReader = objCommand.ExecuteReader
                    (CommandBehavior.CloseConnection))
181                {
182                while (objReader.Read())
183                    {
184                    Student objStudent = new Student();
185                    objStudent.LoginId = Convert.ToString(objReader["LoginId"]);
186                    objStudent.StudentNO = Convert.ToString(objReader["StudentNO"]);
187                    objStudent.StudentName = Convert.ToString(objReader["StudentName"]);
188                    objStudent.Sex = Convert.ToString(objReader["Sex"]);
```

```
189                    objStudent.StudentIDNO = Convert.ToString(objReader["StudentIDNO"]);
190                    objStudent.Phone = Convert.ToString(objReader["Phone"]);
191                    objStudentList.Add(objStudent);
192                }
193            }
194            conn.Close();
195            conn.Dispose();
196        }
197        return objStudentList;
198    }
199    #endregion
200 }
```

代码分析：

20　命令对象执行的存储过程 usp_InsertPartStudentInfo 代码如下所示：

```
ALTER PROCEDURE [dbo].[usp_InsertPartStudentInfo]
@LoginId varchar(50),
@LoginPwd varchar(50),
@UserStateId int,
@ClassID int,
@StudentNO nvarchar(255),
@StudentName nvarchar(255),
@Sex nvarchar(255)
AS
SET NOCOUNT ON
INSERT INTO [dbo].[Student] (
[LoginId],
[LoginPwd],
[UserStateId],
[ClassID],
[StudentNO],
[StudentName],
[Sex]
) VALUES (
@LoginId,
@LoginPwd,
@UserStateId,
@ClassID,
@StudentNO,
@StudentName,
```

```
@Sex
)

select @@IDENTITY
```

46   命令对象执行的存储过程 usp_DeleteStudent 代码如下所示：

```
ALTER PROCEDURE [dbo].[usp_DeleteStudent]
@StudentID int
AS
SET NOCOUNT ON
DELETE FROM [dbo].[Student]
WHERE
[StudentID] = @StudentID
```

66   命令对象执行的存储过程 usp_SelectStudentInfoByLoginID 代码如下所示：

```
ALTER PROCEDURE [dbo].[usp_SelectStudentInfoByLoginID]
    @LoginID nvarchar(50)
AS
SET NOCOUNT ON
SET TRANSACTION ISOLATION LEVEL READ COMMITTED
SELECT
      [StudentID],
      [LoginId],
      [LoginPwd],
      [UserStateId],
      [ClassID],
      [StudentNO],
      [StudentName],
      [Sex],
      [StudentIDNO],
      [StudentStateID],
      [DegreeID],
      [Major],
      [SchoolBefore],
      [Phone],
      [Address],
      [PostalCode],
      [CityWanted],
      [JobWanted],
      [Comment]
FROM
```

```
        [dbo].[Student]
    where [LoginID]=@LoginID
```

96 命令对象执行存储过程 usp_SelectStudentIDByLoginID 的代码如下所示：

```
        ALTER PROCEDURE [dbo].[usp_SelectStudentIDByLoginID]
        @LoginId nvarchar(50)
    AS
    SET NOCOUNT ON
    SET TRANSACTION ISOLATION LEVEL READ COMMITTED
    SELECT
            [StudentID]
    FROM
            [dbo].[Student]
    WHERE
            [LoginId] = @LoginId
```

124 命令对象所执行的存储过程 usp_SelectStudentByLoginID 的代码如下所示：

```
    ALTER PROCEDURE [dbo].[usp_SelectStudentByLoginID]
    @LoginId nvarchar(50)
    AS
    SET NOCOUNT ON
    SET TRANSACTION ISOLATION LEVEL READ COMMITTED
    SELECT
            [LoginPwd],[UserStateId]
    FROM
            [dbo].[Student]
    WHERE
            [LoginId] = @LoginId
```

153 命令对象所执行的存储过程 usp_UpdateStudentBaseInfo 的代码如下所示：

```
    ALTER PROCEDURE [dbo].[usp_UpdateStudentBaseInfo]
        @LoginId varchar(50),
        @StudentNO nvarchar(255),
        @StudentName nvarchar(255),
        @Sex nvarchar(255),
        @StudentIDNO nvarchar(255),
        @Phone nvarchar(255)
    AS
    SET NOCOUNT ON
    UPDATE [dbo].[Student] SET
            [StudentNO] = @StudentNO,
            [StudentName] = @StudentName,
```

```
        [Sex] = @Sex,

        [StudentIDNO] = @StudentIDNO,

        [Phone] = @Phone

WHERE

        [LoginId] = @LoginId
```

177　命令对象所执行的存储过程 usp_SelectStudentsAll 的代码如下：

```
ALTER PROCEDURE [dbo].[usp_SelectStudentsAll]

AS

SET NOCOUNT ON

SET TRANSACTION ISOLATION LEVEL READ COMMITTED

SELECT

        [StudentID],

        [LoginId],

        [LoginPwd],

        [UserStateId],

        [ClassID],

        [StudentNO],

        [StudentName],

        [Sex],

        [StudentIDNO],

        [StudentStateID],

        [DegreeID],

        [Major],

        [SchoolBefore],

        [Phone],

        [Address],

        [PostalCode],

        [CityWanted],

        [JobWanted],

        [Comment]

FROM

        [dbo].[Student]
```

V.4.3　知识库

1. 数据访问层 MySchoolDAL

此层的作用是提供各个服务类，实现对数据库中不同数据表的数据访问操作。

2. AdminService 类

AdminService 类实现 IAdminService 接口，通过实现接口中定义的方法，实现对数据库中 Admin 表的数据进行增删改查操作。

3. GradeService 类

GradeService 类实现 IGradeService 接口，通过实现接口中定义的方法，实现对数据库中 Grade 表的数据进行增删改查操作。

4. ClassService 类

ClassService 类实现 IClassService 接口，通过实现接口中定义的方法，实现对数据库中 Class 表的数据进行增删改查操作。

5. StudentService 类

StudentService 类实现 IStudentService 接口，通过实现接口中定义的方法，实现对数据库中 Student 表的数据进行增删改查操作。

V.5 任务五：联机工厂的设计

V.5.1 功能描述

在解决方案中创建类库 MySchoolDALFactory，用于从配置文件中读取数据库类型以及连接字符串。

V.5.2 设计步骤及代码解析

(1) 在项目 MySchoolDALFactory 中创建一个类 AbstractDALFactory，具体代码如下：

```
1    public abstract class AbstractDALFactory
2    {
3        public static AbstractDALFactory ChooseFactory()
4        {
5
6            string dbType = ConfigurationManager.AppSettings["FactoryType"].ToString();
7            AbstractDALFactory factory = null;
8            switch (dbType)
9            {
10               case "Sql":
11                   factory = new SqlDALFactory();
12                   break;
13               case "Access":
14                   factory = new AccessDALFactory();
15                   break;
```

```
16              }
17              return factory;
18          }
19          public abstract IStudentService CreateStudentService();
20          public abstract IAdminService CreateAdminService();
21          public abstract IClassService CreateClassService();
22          public abstract IGradeService CreateGradeService();
23      }
```

代码分析：

6　　　　从配置文件中获取数据库类型。

8～17　根据不同的数据库类型创建不同的工厂。

19～24　数据访问对象创建接口。

(2)　在项目 MySchoolDALFactory 中创建一个类 SqlDALFactory，具体代码如下：

```
1   public class SqlDALFactory : AbstractDALFactory
2   {
3       public override IStudentService CreateStudentService()
4       {
5           return new StudentService();
6       }
7       public override IAdminService CreateAdminService()
8       {
9           return new AdminService();
10      }
11      public override IClassService CreateClassService()
12      {
13          return new ClassService();
14      }
15      public override IGradeService CreateGradeService()
16      {
17          return new GradeService();
18      }
19  }
```

V.5.3　知识库

1. AbstractDALFactory 类

AbstractDALFactory 类为抽象类，该类的作用为从配置文件中读取数据库类型，并根据读取内容生成不同的实体工厂，继而调用不同类型的服务类以进行数据库数据的访问。

2. SqlDALFactory 类

SqlDALFactory 类为 SQL 实体工厂类，该类的作用为调用数据访问层中的服务类以生成不同的服务对象。

V.6 任务六：业务逻辑层的设计

V.6.1 功能描述

在解决方案中，创建类库 MySchoolBLL，用于进行逻辑判断，并调用数据访问层的方法。

V.6.2 设计步骤及代码解析

(1) 在解决方案中创建一个类库项目 MySchoolBLL。在 MySchoolBLL 项目中创建 LoginManager 类，添加如下代码：

```
1    public static class LoginManager
2    {
3        private static AbstractDALFactory factory = AbstractDALFactory.ChooseFactory();
4        private static IStudentService studentService = factory.CreateStudentService();
5        private static IAdminService adminService = factory.CreateAdminService();
6        public static string GetLoginPwd(string loginID, string type)
7        {
8            string loginPwd = string.Empty;
9            switch (type)
10           {
11               case "管理员":
12                   loginPwd = GetAdminLoginPwd(loginID);
13                   break;
14               case "学员":
15                   loginPwd = GetStudentLoginPwd(loginID);
16                   break;
17           }
18           return loginPwd;
19       }
20       /// <summary>
21       /// 得到登录用户状态
22       /// </summary>
23       /// <param name="loginID">登录 ID</param>
24       /// <param name="type">用户类型</param>
```

```
25          /// <returns></returns>
26          public static string GetLoginUserState(string loginID, string type)
27          {
28              string userState = string.Empty;
29              try
30              {
31                  if (!string.IsNullOrEmpty(loginID))
32                  {
33                      List<Student> userList = new List<Student>();
34                      switch (type)
35                      {
36                          case "学员":
37                              userList = studentService.GetStudentLoginPwdByLoginID(loginID);
38                              if (userList.Count != 0)
39                                  userState = userList[0].UserStateId.ToString();
40                              break;
41                          case "管理员":
42                              userState = "1";
43                              break;
44                      }
45                  }
46              }
47              catch (Exception ex)
48              {
49                  throw new Exception(ex.ToString());
50              }
51              return userState;
52          }
53          #endregion
54
55          #region Private Methods
56          /// <summary>
57          /// 通过登录 ID 得到学员登录密码
58          /// </summary>
59          /// <param name="loginID">登录 ID</param>
60          /// <returns></returns>
61          private static string GetStudentLoginPwd(string loginID)
62          {
63              List<Student> studentList = new List<Student>();
```

```
64              string studentPwd = string.Empty;
65              try
66              {
67                  studentList = studentService.GetStudentLoginPwdByLoginID(loginID);
68                  if (studentList.Count != 0)
69                      studentPwd = studentList[0].LingPwd.ToString();
70              }
71              catch (Exception ex)
72              {
73                  throw new Exception(ex.ToString());
74              }
75              return studentPwd;
76          }
77          /// <summary>
78          /// 通过登录 ID 得到管理员登录密码
79          /// </summary>
80          /// <param name="loginID">登录 ID</param>
81          /// <returns></returns>
82          private static string GetAdminLoginPwd(string loginID)
83          {
84              try
85              {
86                  return adminService.GetAdminLoginPwdByLoginID(loginID);
87              }
88              catch (Exception ex)
89              {
90                  throw new Exception(ex.ToString());
91              }
92          }
93          #endregion
94  }
```

代码分析：

6～19　定义一个 GetLoginPwd 方法，用于根据用户 ID 获得密码。

20～55　定义一个 GetLoginUserState 方法，用于根据用户 ID 获得用户状态。

57～75　定义一个 GetStudentLoginPwd 方法，用于根据学生 ID 获得用户密码。

82～94　定义 GetAdminLoginPwd 方法，用于根据管理员 ID 获得用户密码。

(2) 在解决方案中创建 ClassManager 类，添加如下代码：

```
1   public static class ClassManager
2   {
```

```
3      #region Private Members
4      //调用数据访问层统一数据访问方式
5      private static AbstractDALFactory factory = AbstractDALFactory.ChooseFactory();
6      private static IClassService classService = factory.CreateClassService();
7      #endregion
8      #region Public Methods
9      /// <summary>
10     /// 通过班级名称得到班级 ID
11     /// </summary>
12     /// <param name="className"></param>
13     /// <returns></returns>
14     public static int GetClassIDByClassName(string className)
15     {
16         try
17         {
18             return Convert.ToInt32(classService.GetClassIDByClassName(className));
19         }
20         catch (Exception ex)
21         {
22             throw new Exception(ex.ToString());
23         }
24     }
25     /// <summary>
26     /// 通过年级 ID 得到班级
27     /// </summary>
28     /// <param name="gradeID"></param>
29     /// <returns></returns>
30     public static ArrayList GetClassByGradeID(int gradeID)
31     {
32         try
33         {
34             return classService.GetClassByGradeID(gradeID);
35         }
36         catch (Exception ex)
37         {
38             throw new Exception(ex.ToString());
39         }
40     }
41     #endregion
```

```
42      }
```

代码分析：

15～25　根据班级名字获得班级 ID。

31～41　根据年级 ID 得到班级。

（3）在类库项目 MySchoolBLL 中创建 GradeManager 类，添加如下代码：

```
1    public static class GradeManager
2    {
3        #region Private Members
4        //调用数据访问层统一数据访问方式
5        private static AbstractDALFactory factory = AbstractDALFactory.ChooseFactory();
6        private static IGradeService gradeService = factory.CreateGradeService();
7        #endregion
8
9        #region Public Methods
10       /// <summary>
11       /// 得到所有年级
12       /// </summary>
13       /// <returns></returns>
14       public static List<Grade> GetAllGrades()
15       {
16           try
17           {
18               return gradeService.GetAllGrades();
19           }
20           catch (Exception ex)
21           {
22               throw new Exception(ex.ToString());
23           }
24       }
25       /// <summary>
26       /// 通过年级名称得到年级 ID
27       /// </summary>
28       /// <param name="gradeName"></param>
29       /// <returns></returns>
30       public static int GetGradeIDByGradeName(string gradeName)
31       {
32           try
33           {
34               return gradeService.GetGradeByGradeName(gradeName);
```

```
35              }
36          catch (Exception ex)
37          {
38              throw new Exception(ex.ToString());
39          }
40      }
41      #endregion
42  }
```

代码分析：

14～24　定义 GetAllGrades( )方法，获得所有年级。

30～40　定义 GetGradeIDByGradeName( )方法，用于根据年级名字获得年级 ID。

（4）在类库项目 MySchoolBLL 中创建 StudentManager 类，添加如下代码：

```
1   public static class StudentManager
2   {
3       #region Private Members
4       //调用数据访问层统一数据访问方式
5       private static AbstractDALFactory factory = AbstractDALFactory.ChooseFactory();
6       private static IStudentService studentService = factory.CreateStudentService();
7       #endregion
8
9       #region Public Methods
10      /// <summary>
11      /// 删除学员信息
12      /// </summary>
13      /// <param name="loginID"></param>
14      public static void DeleteStudentInfo(string loginID)
15      {
16          try
17          {
18              studentService.DeleteStudent(loginID);
19          }
20          catch (Exception ex)
21          {
22              throw new Exception(ex.ToString());
23          }
24      }
25      /// <summary>
26      /// 更新学员信息
27      /// </summary>
```

```
28          /// <param name="objStudentInfo"></param>
29          public static void UpdateStudentInfo(Student objStudentInfo)
30          {
31              try
32              {
33                  studentService.ModifyStudent(objStudentInfo);
34              }
35              catch (Exception ex)
36              {
37                  throw new Exception(ex.ToString());
38              }
39          }
40          /// <summary>
41          /// 通过登录 ID 得到学员信息
42          /// </summary>
43          /// <param name="loginId"></param>
44          /// <returns></returns>
45          public static Student GetStudentInfoByLoginID(string loginId)
46          {
47              try
48              {
49                  return studentService.GetStudentInfoByLoginID(loginId);
50              }
51              catch (Exception ex)
52              {
53                  throw new Exception(ex.ToString());
54              }
55          }
56          /// <summary>
57          /// 通过登录 ID 得到学生 ID
58          /// </summary>
59          /// <param name="loginId"></param>
60          /// <returns></returns>
61          public static int GetStudentIDByLoginID(string loginId)
62          {
63              try
64              {
65                  return studentService.GetStudentIDByLoginID(loginId);
66              }
```

```
67              catch (Exception ex)
68              {
69                  throw new Exception(ex.ToString());
70              }
71          }
72      /// <summary>
73      /// 提交学员账户创建信息
74      /// </summary>
75      /// <param name="objStudentInfo"></param>
76      /// <returns></returns>
77      public static string AddStudent(Student objStudent)
78      {
79          //返回信息
80          string message = string.Empty;
81          //学员 ID
82          int studentID = 0;
83          try
84          {
85              studentID = studentService.GetStudentIDByLoginID(objStudent.LoginId);
86              if (studentID > 0)
87                  message = "此学员用户名已存在，请更换后重新创建！";
88              else
89              {
90                  studentID = studentService.AddStudent(objSutdent);
91                  if (studentID > 0)
92                      message = "学员账户创建成功！";
93                  else
94                      message = "学员账户创建失败！";
95              }
96          }
97          catch (Exception ex)
98          {
99              throw new Exception(ex.ToString());
100         }
101          return message;
102     }
103     /// <summary>
104     /// 得到学员信息
105     /// </summary>
```

```
106        /// <returns></returns>
107        public static IList<Student> GetAllStudents()
108        {
109            IList<Student> studentList = new List<Student>();
110            try
111            {
112                studentList = studentService.GetAllStudents();
113            }
114            catch (Exception ex)
115            {
116                throw new Exception(ex.ToString());
117            }
118            return studentList;
119        }
120        /// <summary>
121        /// 根据性别筛选学员信息
122        /// </summary>
123        /// <param name="sex"></param>
124        /// <returns></returns>
125        public static IList<Student> GetStudentInfoBySex(string sex)
126        {
127            IList<Student> studentList = new List<Student>();
128            try
129            {
130                studentList = studentService.GetAllStudents();
131            }
132            catch (Exception ex)
133            {
134                throw new Exception(ex.ToString());
135            }
136            return studentList;
137        }
138        #endregion
139    }
```

代码分析：

14～24	定义一个 DeleteStudentInfo 方法，用于根据登录 ID 删除学生信息。
29～39	定义一个 UpdateStudentInfo 方法，用于更新学员信息。
45～55	定义一个 GetStudentInfoByLoginID 方法，用于根据登录 ID 获得学员信息。
61～71	定义一个 GetStudentIDByLoginID 方法，用于根据登录 ID 获得学生 ID。

77～102	定义一个 AddStudent 方法，用于添加学生信息。
107～118	定义一个 GetAllStudents 方法，用于获得所有学生对象。
125～137	定义一个 GetStudentInfoBySex 方法，用于根据学生性别筛选学员信息。

V.6.3　知识库

1. LoginManager 类

登录管理类，在此类中，需要调用 AbstractDALFactory 中的 ChooseFactory 方法进行实体工厂的选择，并调用 CreateAdminService()方法生成具体的服务对象。

2. ClassManager 类

班级管理类，在此类中，需要调用 AbstractDALFactory 中的 ChooseFactory 方法进行实体工厂的选择，并调用 CreateClassService()方法生成具体的服务对象。

3. GradeManager 类

年级管理类，在此类中，需要调用 AbstractDALFactory 中的 ChooseFactory 方法进行实体工厂的选择，并调用 CreateGradeService()方法生成具体的服务对象。

4. StudentManager 类

学生管理类，在此类中，需要调用 AbstractDALFactory 中的 ChooseFactory 方法进行实体工厂的选择，并调用 CreateStudentService()方法生成具体的服务对象。

参 考 文 献

[1]　[美]Watson K，Nagel C. C#入门经典. 齐立波，译. 黄静，审校. 4 版. 北京：清华大学出版社，2008

[2]　陈广. C#程序设计基础教程与实训. 北京：北京大学出版社，2008

[3]　李建华，刘玉生. Visual C# 2005 全程指南. 北京：电子工业出版社，2008

[4]　丁士锋，等. Visual C#2005+SQL Server 2005 数据库与网络开发. 北京：电子工业出版社，2008

[5]　段德亮，余健，张仁才. C#课程设计案例精编. 北京：清华大学出版社，2008

[6]　王永皎，廖建军. Visual C#2005+SQL Server 2005 数据库开发与实例. 北京：清华大学出版社，2008

[7]　王小科，张宏宇，吕双. Visual C# 2005 程序设计自学手册. 北京：人民邮电出版社，2008

[8]　刘甫迎，刘光会，王蓉. C#程序设计教程. 2 版. 北京：电子工业出版社，2008